高等院校职业技能实训规划教材

Maya三维动画设计与制作案例技能实训教程

王 云 田 帅 主 编

清华大学出版社

北 京

内 容 简 介

本书以实操案例为单元，以知识详解为辅助，由点及面的从Maya最基本的应用知识讲起，全面细致地对模型的创建方法和设计技巧进行了介绍。全书共8章，依次介绍了石膏静物模型、方形桌椅模型、海绵宝宝头部模型、Q版卡通房屋模型、吉祥图案模型、甲壳虫汽车模型、窗台前的书桌模型和酒桶上的玻璃杯模型等的创建及效果设计。理论知识涉及Maya操作界面入门、基础操作与常用工具、多边形建模入门、多边形编辑技巧、NURBS建模入门、优化NURBS建模、灯光与渲染、材质与纹理的应用等内容。每章最后还安排了有针对性的项目练习，以供读者练手。

全书结构合理，用语通俗，图文并茂，易教易学，既适合作为高职高专院校和应用型本科院校室内设计及艺术设计相关专业的教材，又适合作为广大设计爱好者的参考用书。

图书在版编目(CIP)数据

Maya三维动画设计与制作案例技能实训教程 / 王云，田帅主编.--北京：清华大学出版社，2018
（2022.6重印）
（高等院校职业技能实训规划教材）
ISBN 978-7-302-49075-3

Ⅰ.①M⋯　Ⅱ.①王⋯②田⋯　Ⅲ.① 三维动画软件—高等职业教育—教材　Ⅳ.①TP391.414

中国版本图书馆CIP数据核字(2017)第296016号

责任编辑：陈冬梅
装帧设计：杨玉兰
责任校对：周剑云
责任印制：丛怀宇

出版发行：清华大学出版社
　　　　网　　　址：http://www.tup.com.cn，http://www.wqbook.com
　　　　地　　　址：北京清华大学学研大厦A座　　　邮　　编：100084
　　　　社 总 机：010-83470000　　　　　　　　邮　　购：010-62786544
　　　　投稿与读者服务：010-62776969，c-service@tup.tsinghua.edu.cn
　　　　质量反馈：010-62772015，zhiliang@tup.tsinghua.edu.cn
印 装 者：小森印刷（北京）有限公司
经　销：全国新华书店
开　　本：185mm×260mm　　　印　　张：15　　　字　　数：363千字
版　　次：2018年2月第1版　　　　　　　　　　印　　次：2022年6月第4次印刷
定　　价：59.00元

产品编号：073554-01

中文版 Maya 2016 是 Autodesk 公司推出的世界顶级的三维动画软件，随着版本的不断升级，其界面更加简洁大方，功能也日趋完善。从应用范围看，广泛应用于影视广告、角色动画、电影特技等领域。Maya 功能完善，操作灵活，易学易用，有极高的制作效率，且其渲染真实感极强，是电影级别的高端制作软件。为了满足新形势下的教育需求，我们组织了一批富有经验的室内设计师和高校教师，共同策划编写了本书，以便让读者能够更好地掌握三维建模的制作技能，更好地提升动手能力，更好地与社会相关行业接轨。

本书以实操案例为单元，以知识详解为辅助，先后对三维建模的绘制方法、操作技巧、理论支撑、知识阐述等内容进行了介绍。全书分为 8 章，其主要内容如下。

章节	作品名称	知识体系
第 1 章	石膏静物	视图操作、视图切换、视图菜单等
第 2 章	方形桌椅	对象操作工具、创建基本对象、常用编辑与修改方法
第 3 章	海绵宝宝头部	多边形建模、多边形构成元素的操作、结合和分离多边形网格
第 4 章	Q 版卡通房屋	多边形构成元素的高级操作、多边形网格显示
第 5 章	吉祥图案	NURBS 建模、NURBS 曲线工具、NURBS 曲面一般成形工具
第 6 章	甲壳虫汽车	NURBS 曲面特殊成形工具、优化曲面工具
第 7 章	窗台前的书桌	灯光的创建 / 操作与观察、摄影机的基础操作、渲染设置
第 8 章	酒桶上的玻璃杯	材质知识、二维程序纹理、UV 与贴图

本书结构合理、讲解细致、特色鲜明,内容着眼于专业性和实用性,符合读者的认知规律,也更侧重综合职业能力与职业素养的培养,集"教、学、练"于一体。本书适合应用型本科、职业院校、培训机构作为教材使用。

　　本书由王云、田帅编写,王云编写了1～5章,田帅编写了6～8章,参与本书编写的人员还有伏银恋、任海香、李瑞峰、杨继光、周杰、朱艳秋、刘松云、岳喜龙、吴蓓蕾、王赞赞、李霞丽、周婷婷、张静、张晨晨、张素花、郑菁菁等。这些老师在长期的工作中积累了大量经验,在写作过程中始终坚持严谨细致的态度、力求精益求精。但由于时间有限,书中疏漏之处在所难免,希望读者批评指正。

编　者

Contents 目录

第1章　Maya 操作界面入门

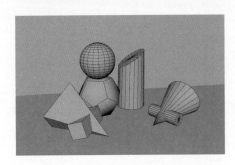

第2章　基础操作与常用工具

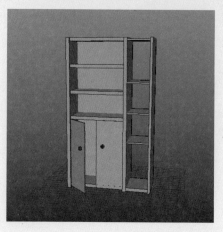

第3章 多边形建模入门

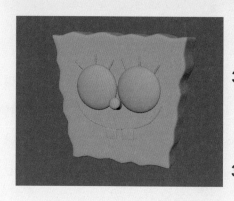

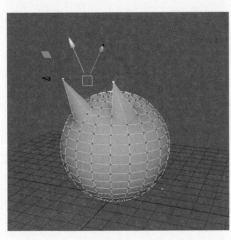

第4章 多边形的编辑技巧

第5章　NURBS 建模入门

第6章 优化 NURBS 建模

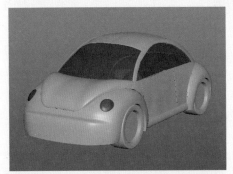

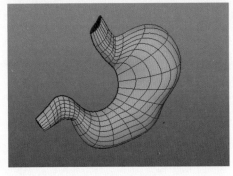

第7章 灯光与渲染

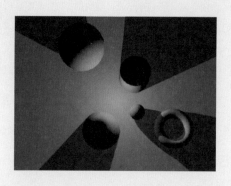

第8章　材质与纹理

第1章

Maya 操作界面入门

本章概述

　　本章带大家快速认识 Maya 的工作界面，熟悉并了解 Maya 的不同功能模块，学习并掌握工作区域的基本操作和不同视图的切换方式，在最短的时间内学会在软件中创建基本对象的方法，同时学会利用基础的操作工具和相关的编辑菜单来制作简单的入门作品。

要点难点

　　界面构成 ★☆☆
　　视图操作 ★★★
　　视图菜单 ★★☆

案例预览

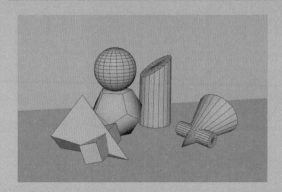

制作石膏静物

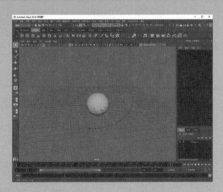

视图操作

Maya 三维动画
设计与制作案例技能实训教程

CHAPTER 01

CHAPTER 02

CHAPTER 03

CHAPTER 04

CHAPTER 05

【跟我学】 制作石膏静物

作品描述

　　观察图中的一组石膏静物，利用 Maya 软件制作石膏 3D 模型并按图中位置进行摆放。在制作的过程中学习和了解软件的界面布局、工作窗口不同的观察方法、场景及对象的相关操作工具以及一些简单编辑命令的使用。

实现过程

　　STEP 01 打开 Maya 软件后，软件会为我们自动创建一个默认的场景，此时需要新建一个项目文件，方便我们在制作过程中对场景文件的保存及修改。执行"文件"|"项目窗口"命令，在弹出的"项目窗口"面板中，单击当前项目行最右边的"新建"按钮，把项目命名为 SHIGAO，并选择好路径，软件会自动将子项目设置为默认名称，最后单击"接受"按钮，如图 1-1 所示。

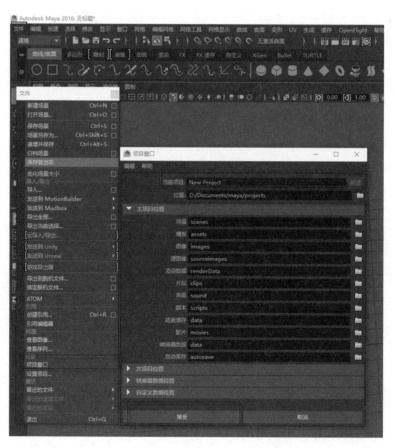

图 1-1

STEP 02 观察我们的工作区域，这是一个虚拟的 3D 空间。在其中可以实现视角的旋转、移动、缩放等操作。以工作区域内栅格为中心，利用 Alt+ 鼠标滚轮调整视角水平位置，利用 Alt+ 鼠标左键调整视角角度，利用鼠标滚轮调整视角远近，调整出一个最合适的制作视角。

STEP 03 单击工具架上的"多边形"标签，找到创建多边形平面的快捷图标并单击，如图 1-2 所示。在场景中按住鼠标左键，从左上角向右下角拖曳，创建出一块多边形面片当作石膏组的桌面，如图 1-3 所示。

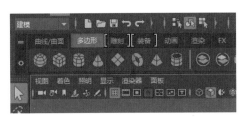

图 1-2

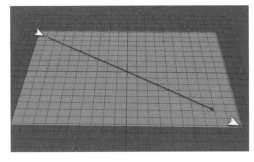

图 1-3

STEP 04 执行"创建"|"多边形基本体"|"柏拉图多面体"命令，在场景内创建一个多面体模型，如图 1-4 所示。

图 1-4

STEP 05 观察左侧的工具箱，使用移动工具移动对象，按住操纵器的方向箭头来拖动对象，调整位置，如图 1-5 和图 1-6 所示。

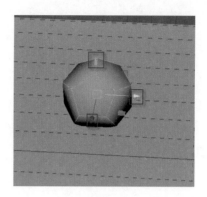

图 1-5　　　　　　　　　　　　　　图 1-6

STEP 06 使用缩放工具，按住操纵器中心方块对对象做等比例缩放以调整大小，如图 1-7 和图 1-8 所示。

图 1-7　　　　　　　　　　　　　　图 1-8

STEP 07 使用旋转工具，拖曳操纵器的线圈，将对象以平面朝下的方式放置，如图 1-9 和图 1-10 所示。

图 1-9　　　　　　　　　　　　　　图 1-10

STEP 08 在上方工具架中单击多边形球体图标，在场景内创建多边形球体基本体并使用操作工具做出适当调整，如图 1-11 和图 1-12 所示。

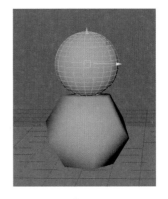

图 1-11　　　　　　　　　　　　　　图 1-12

STEP 09 在调整的过程中，可通过按空格键或者单击左侧下方的面板布局图标来切换不同的视角，从而方便进行观察，如图 1-13 所示。

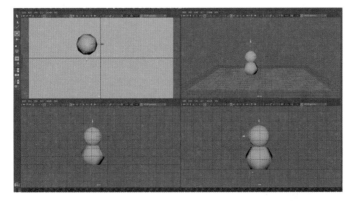

图 1-13

STEP 10 创建多边形圆柱基本体，左右拖曳鼠标确定圆柱体底面大小，向上拖曳鼠标确定圆柱体高度，创建完成后调整至合适的大小及位置，如图 1-14 和图 1-15 所示。

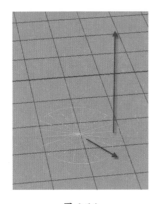

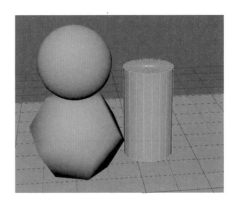

图 1-14　　　　　　　　　　　　　　图 1-15

STEP 11 接下来制作圆锥体和圆柱体的组合体，使用上方工具架"多边形"标签下的圆锥体和圆柱体图标创建模型，如图 1-16 所示。

CHAPTER 01
CHAPTER 02
CHAPTER 03
CHAPTER 04
CHAPTER 05

STEP 12 使用旋转工具,将圆柱体水平旋转。单击右上角的"通道盒"按钮,将"通道盒"面板打开,观察"通道盒"中"模型变换"属性面板下旋转属性数值的变化,可在数字栏中手动输入 90°来进行准确调整,如图 1-17 所示。

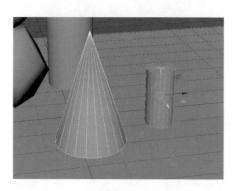

图 1-16   图 1-17

STEP 13 将调整好的圆柱体移动到圆锥体内与其交叉重叠,并按住 Shift 键加选圆锥体,执行"修改"|"对齐工具"命令,为选中的两个模型体做对齐处理,如图 1-18 和图 1-19 所示。

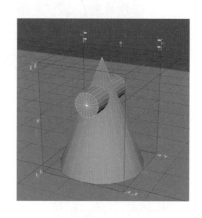

图 1-18   图 1-19

STEP 14 选中组合在一起的圆锥体及圆柱体,执行"网格"|"结合"命令,将两个模型体合并为一个模型体,如图 1-20 所示。并且执行"修改"|"居中枢纽"命令,将模型的中心坐标居中到模型体中心,从而方便做操作调整。

图 1-20

STEP 15 再次调整模型的大小及位置并将其旋转倒置在场景内，如图 1-21 和图 1-22 所示。

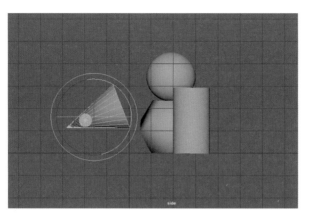

图 1-21

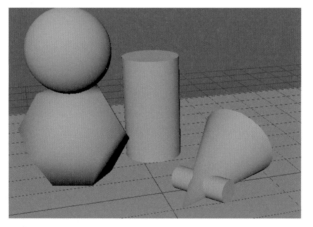

图 1-22

STEP 16 制作多边形棱锥体和立方体组合。在创建棱锥体和立方体时，可以用与制作圆锥体和圆柱体相同的方法来进行模型的制作组合，最终完成本次案例，如图 1-23 所示。

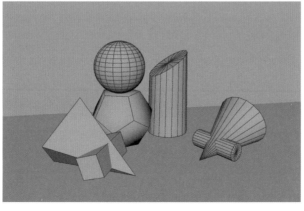

图 1-23

【听我讲】

1.1 认识 Maya 工作界面

想要快速掌握 Maya 操作技巧，必须熟悉 Maya 的工作界面与基础操作。下面对 Maya 的工作界面进行简单的介绍。

1.1.1 界面构成

启动完成后进入 Maya 工作界面。界面主要由 11 个部分构成，分别是标题栏、菜单栏、状态栏、工具架、工具箱、工作区、通道盒 / 层编辑器、时间滑块、范围滑块、命令栏和帮助行，如图 1-24 所示。

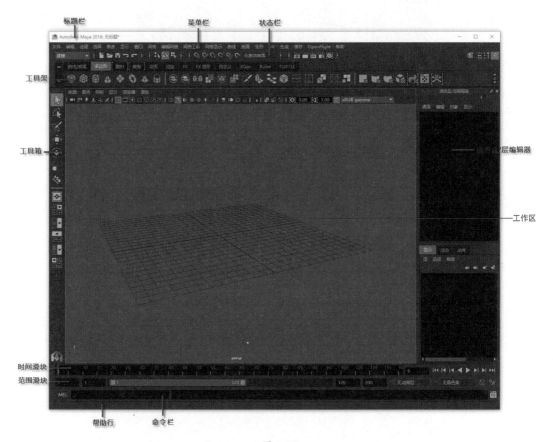

图 1-24

1.1.2 界面显示

在工作时，往往只需将一部分界面元素显示出来，这时可将一些界面元素隐藏起来。隐藏界面元素的方法在这里列举如下两种。

第1种：执行"显示"|"UI 元素"命令，勾选或取消勾选相应的选项就可以显示或隐藏对应的界面，如图 1-25 所示。

图 1-25

第2种：执行"窗口"|"设置 / 首选项"|"首选项"命令，打开"首选项"对话框，在左侧选择"UI 元素"选项，之后选中要显示或隐藏的界面元素，最后单击"保存"按钮即可，如图 1-26 所示。

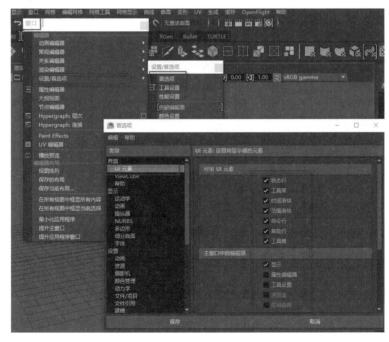

图 1-26

1.1.3 界面介绍

下面对界面的主要构成部分进行简单的介绍。

1．标题栏

标题栏用于显示文档的相关信息，如当前软件的版本、目录、文件等，如图 1-27 所示。

Autodesk Maya 2016: C:\Users\Administrator\Desktop\MAYA书目\第一章\shigao.mb

图 1-27

2．菜单栏

菜单栏包含了 Maya 所有的命令和工具。由于 Maya 命令非常多，所以将菜单进行了模块化的分区，如图 1-28 所示。

图 1-28

不同的模块具有不同的功能作用，当切换到不同模块时，会显示出对应模块功能的菜单。除了模块菜单外，还有固定的 10 个公共菜单，不会随模块切换而变化，如图 1-29 所示。

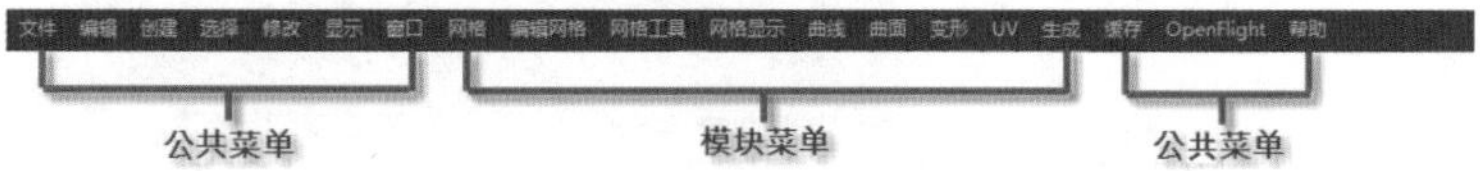

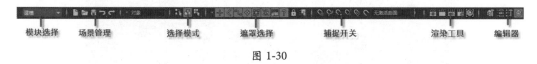

图 1-29

3．状态栏

Maya 的状态栏有一些常用的视图操作及显示的按钮，如模块选择、遮罩选择、捕捉开关、编辑器等，这些开关按钮都是按组进行排列的，用户可通过单击相应的按钮将其展开或者折叠，如图 1-30 所示。

图 1-30

4．工具架

工具架在状态栏下方，它集合了 Maya 各个模块下最常用的命令，并以图标的形式直观地显示在工具架上。工具架分为上、下两个部分，上部为标签，每个标签对应了 Maya 具体的某一个功能模块，通过对标签的切换可在下方显示出不同的工具快捷图标，如图 1-31 所示。

图 1-31

单击工具架左侧的设置按钮，可在弹出的菜单中选择对应的命令，对工具架进行新建、删除或编辑等操作，如图 1-32 所示。

5. 工具箱

Maya 的工具箱分为两个部分，上面是操作对象最常用的工具（选择、移动、旋转、缩放等），下面是视图布局工具，如图 1-33 所示。具体的信息和操作方法会在后面的章中讲解。

6. 工作区

Maya 的工作区是作业的主要活动区域，大部分工作都会在工作区内操作完成，如图 1-34 所示。

图 1-32

常用对象操作

常用视图布局

图 1-33

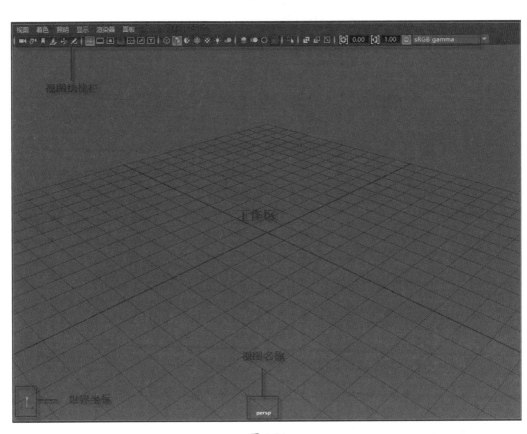

图 1-34

7. 通道盒/层编辑器

（1）通道盒。

通道盒（Channel Box）是用于编辑对象属性的最快、最高效的主要工具。使用该工具，可对属性快速设置关键帧，以及锁定、解除锁定或创建表达式。与属性编辑器相似，可使用通道盒修改对象的属性值。

通道盒的功能十分强大，用户可利用它直接访问 Maya 对象的变化属性及构成元素，不仅能即时反映出属性数值的变化，还可直接输入进行修改。右击，某一属性会弹出一个快捷菜单，通过快捷菜单里的命令可进行如设置关键帧等操作，如图 1-35 所示。

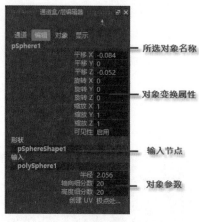

图 1-35

（2）层编辑器。

Maya 中的层有 3 种类型，分别是显示层、渲染层和动画层。

- 显示层：用来管理放入层中的物体是否被显示出来，可将场景中的物体添加至层内，在层中可对其进行隐藏、选择、模板化等操作。
- 渲染层：可设置渲染的属性，通常所说的"分层渲染"就在这里设置。
- 动画层：可对动画设置层，如图 1-36 所示。

单击斜杠按钮，可打开"编辑层"对话框，在对话框中可设置层的名称、颜色、是否可见和是否使用模板等，如图 1-37 所示。

图 1-36

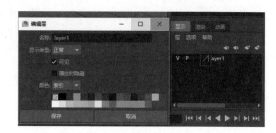

图 1-37

8. 时间轴

时间轴是专门用来制作和播放动画的重要区域，实际上包括两个区域，分别是时间滑块和范围滑块。其中，时间滑块包括播放器按钮和当前时间指示器。范围滑块中包括动画开始时间和动画结束时间、播放开始时间和播放结束时间、范围滑块、自动关键帧按钮和动画参数设置按钮，如图 1-38 所示。

图 1-38

9. 命令栏

除了可通过工具创建物体外，Maya 还允许用户通过输入命令来创建物体。命令栏分为命令输入栏、命令回馈栏和脚本编辑器 3 个区域。在命令回馈栏，当操作出现错误时，会即时进行错误信息的提示，如图 1-39 所示。

图 1-39

1.2 视图操作与布局

使用像 Maya 这样大型且复杂的软件，必须了解视图操作与布局。下面对视图操作、视图切换与视图菜单进行简单的介绍。

1.2.1 视图操作

视图其实就是 Maya 的工作平台，在创建对象和编辑物体时经常需要调整不同的角度和远近，这就需要快速调整视图视角。每个视图实际上都是一台摄影机，我们所观察的画面就是摄影机镜头中的画面，对视图的操作也就是对摄影机的操作。

1. 旋转视图

对视图的旋转操作只针对透视视图，因为其他的视图如顶视图、前视图、侧视图都属于正交视图，只可进行水平移动和远近的缩放，旋转功能默认是被锁定的。使用 Alt+鼠标左键，可对视图进行旋转操作。若想让视图在以水平方向或垂直方向为轴心的单方向上旋转，可使用 Shift+Alt+ 鼠标左键来完成，如图 1-40 所示。

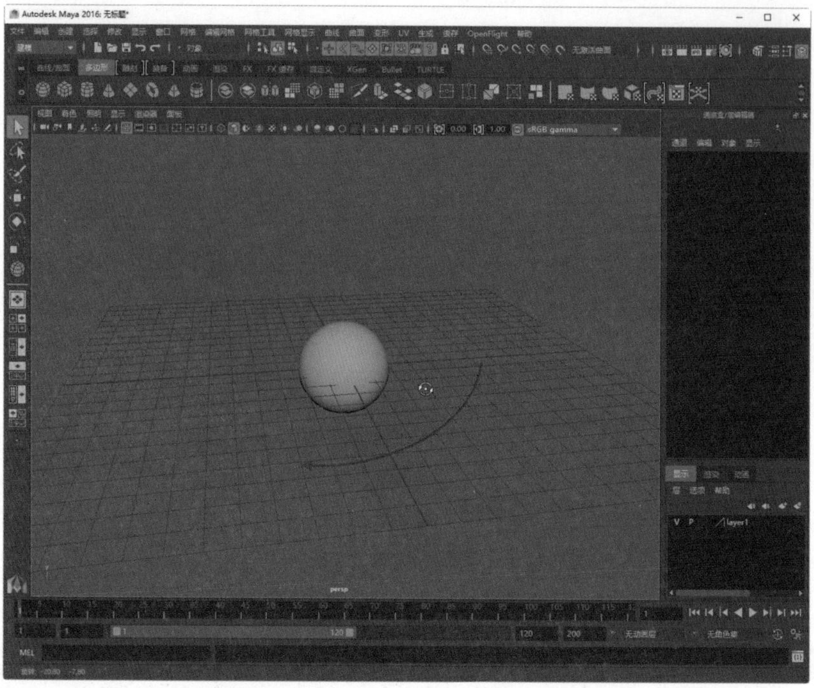

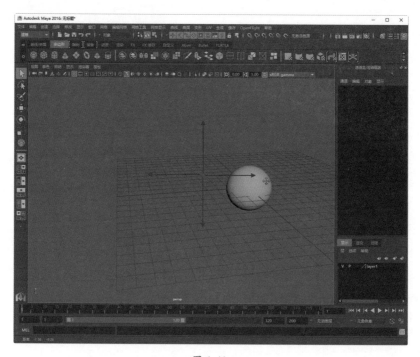

图 1-40

2．平移视图

可使用 Alt+ 鼠标中键来移动视图，同时也可使用 Shift+Alt+ 鼠标中键在水平或垂直方向上进行移动操作，如图 1-41 所示。

图 1-41

3．缩放视图

缩放视图就是改变镜头与场景的远近距离。使用 Alt+ 鼠标右键可对视图进行缩放，也可直接滑动鼠标滚轮来控制缩放。若使用 Ctrl+Alt+ 鼠标左键框选出一个区域，释放鼠标后，该区域将被放大至最大，如图 1-42 所示。

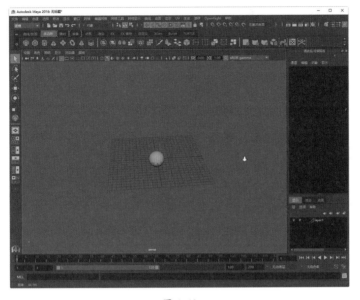

图 1-42

4．将选定对象最大化显示

在选定某个对象的前提下，可按 F 键使选定对象在当前视图中最大化显示，如图 1-43 所示。

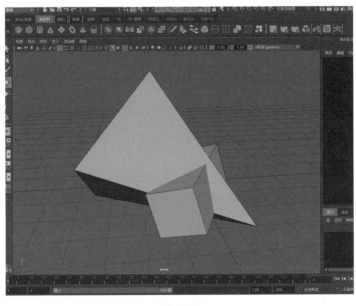

图 1-43

如果是处于四视图的显示下，可按 Shift+F 组合键来一次性将全部视图进行最大化显示，如图 1-44 所示。

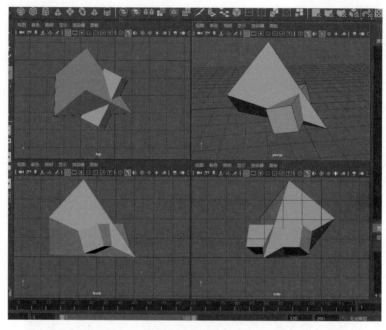

图 1-44

5．将场景中所有对象最大化显示

按 A 键，可将当前场景中所有对象全部最大化显示在一个视图中；按 Shift+A 组合键，可将当前场景中所有对象全部显示在所在视图中，如图 1-45 所示。

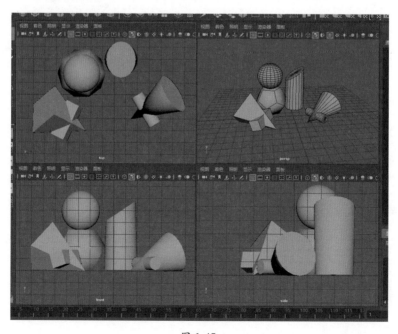

图 1-45

1.2.2　视图切换

在 Maya 中，既可在单个视图中操作对象，也可在多个视图组合中操作对象，这样可方便从不同的视角观察和编辑场景中的对象。

这里列举 3 种常用的视图切换方法。

1. 用快捷键进行切换

可通过按空格键在单个视图和四视图之间进行切换。当处于透视视图时，按空格键会切换到四视图；在四视图状态下，将鼠标指针移动到某一视图内再按空格键便会最大化显示当前视图。

2. 用单击布局图标切换视图

单击左侧工具箱下方布局栏内的快捷图标，可切换视图，如图 1-46 所示。

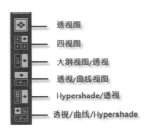

图 1-46

3. 使用"热盒"菜单切换视图

按住空格键并右击不放，可打开"热盒"菜单，通过移动鼠标指针来选择相对应的视图，如图 1-47 所示。

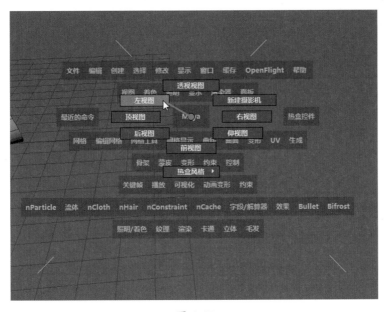

图 1-47

1.2.3 视图菜单

视图菜单在工作区的顶部，它主要用来调整当前视图，包含视图、着色、照明、显示、渲染器和面板 6 组菜单，如图 1-48 所示。

图 1-48

1．视图

"视图"菜单下的命令主要用于选择并调整摄影机视图、透视和正交视图等，如图 1-49 所示。

2．着色

在操作复杂场景时，Maya 会消耗大量资源，这时可通过使用不同显示方式来提高运算速度，在视图菜单的"着色"菜单中提供了各种显示命令，如图 1-50 所示。

图 1-49

图 1-50

通常会使用快捷键 4 和 5 来在线框显示模式与着色显示模式之间进行切换，以方便观察和操作，如图 1-51 和图 1-52 所示。

3．照明

"照明"菜单中提供了一些灯光的显示方式，如图 1-53 所示。

4．显示

Maya 的显示过滤功能可将场景中的某一类对象暂时隐藏，方便观察和操作。在视图菜单中的"显示"菜单下取消勾选相应的选项，就可隐藏对应类型的对象，如图 1-54 所示。

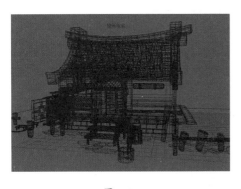

图 1-51

图 1-52

图 1-53

图 1-54

5．渲染器

在"渲染器"菜单下提供了 3 种显示视图对象品质的方式，视图显示的品质越高计算机的负荷就会越大，但会得到较好的即时显示效果，如图 1-55 所示。

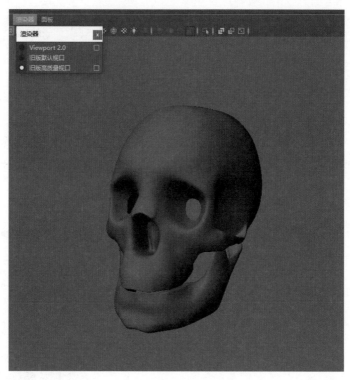

图 1-55

6. 面板

在"面板"菜单下可调整视图的布局方式，良好的视图布局有利于提高工作效率；其中的"沿选定对象观看"命令，可以将选择对象作为视点来观察场景，通常用于摄影机或灯光等有具体方向性的对象上，如图 1-56 和图 1-57 所示。

图 1-56

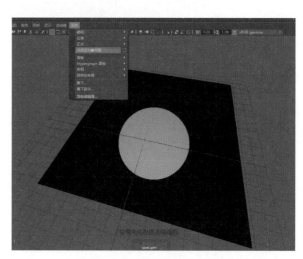

图 1-57

【自己练】

项目练习　搭积木

📺 项目背景

某玩具公司为了宣传积木产品，委托我公司制作搭积木的动画短片。

📺 项目要求

以多边形基本体为主要元素，搭建积木模型。

📺 项目分析

创建相对应的多边形基本体，使用变换工具对形状做出适当调整，注意多视图的切换以配合整体造型的搭建。

📺 项目效果

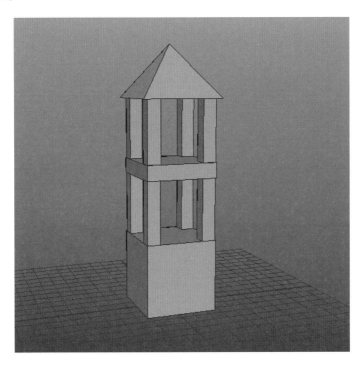

📺 课时安排

2 课时。

第2章

基础操作与常用工具

本章概述

　　本章以一套方形桌椅模型的制作，来学习多边形基本体的创建以及变换方式，学习如何复制对象及进行编辑、如何对多个对象进行整体性的操作。在学习的过程中，会对 Maya 编辑菜单中相关的命令进行深入的讲解。通过本章的学习，许多生活中常见的形状较简单的物体，都可以制作成 3D 模型。

要点难点

　　对象操作工具 ★★
　　常用编辑方法 ★★★
　　常用修改方法 ★★★

案例预览

制作方形桌椅

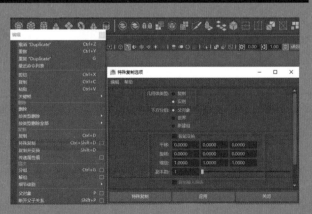

特殊复制

【跟我学】 制作方形桌椅

🖥 作品描述

在 Maya 软件内创建对应的多边形基本体，将其组合成方形桌椅模型。在制作的过程中，可更加深入地了解模型基本体的创建及变换方式、对象的复制及相关的编辑方法，同时学会对多个对象进行编组来进行整体性的操作。

🖥 实现过程

1. 场景创建

下面讲解制作方形桌椅的场景的方法。

STEP 01 打开软件，在工具架中找到"多边形"标签，单击多边形立方体图标，如图 2-1 所示。

图 2-1

STEP 02 为了得到一个等比例的正方体，在创建的同时可按住 Shift 键配合鼠标，拖曳出合适大小的立方体模型，如图 2-2 所示。

STEP 03 利用缩放工具调整立方体的高度，调整缩放操纵器的 Y 轴高度来修改立方体高度，将其调整至扁平状以制作桌子的桌面，如图 2-3 所示。

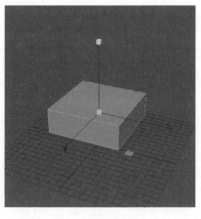

图 2-2

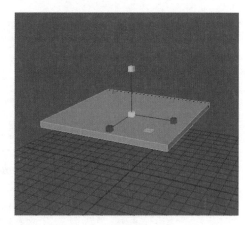

图 2-3

STEP **04** 切换视图显示，分别在顶视图和侧视图中调整桌面的位置。为了保证后期整体桌子模型制作的对称性，在顶视图中可打开捕捉栅格工具█将桌面的位置移动到场景栅格的中心，如图 2-4 所示。

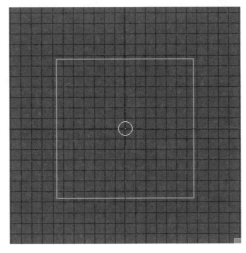

图 2-4

2．制作桌腿

下面主要介绍利用简单操作方法制作方形桌子的桌腿。

STEP **01** 在顶视图中利用创建立方体工具创建桌腿，如图 2-5 所示。

STEP **02** 当在顶视图中确定位置并创建出立方体的大小后，可在透视图中调整桌腿的高度，如图 2-6 所示。

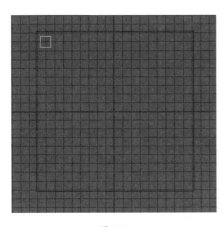

图 2-5

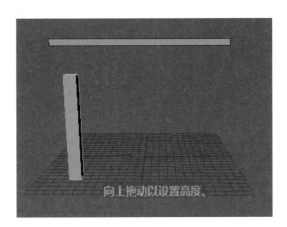

图 2-6

STEP **03** 调整好一个桌腿后，可使用 Ctrl+D 组合键来复制另外 3 个桌腿，完成桌子腿部的制作，如图 2-7 所示。

STEP **04** 在复制桌腿的时候，可将原始对象和新复制出来的对象一起选中进行复制，以便快速复制出另外两个桌腿，如图 2-8 所示。

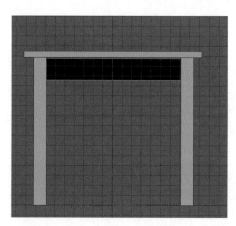

图 2-7

图 2-8

STEP 05 制作桌面下方的挡板结构。将视图切换到侧视图，在已有的桌面和桌腿结构的基础上，使用立方体工具创建相对应大小的立方体，如图 2-9 所示。

STEP 06 在透视图中调整挡板的宽度及位置，如图 2-10 所示。

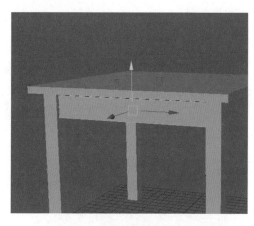

图 2-9

图 2-10

STEP 07 为了方便制作另外 3 个挡板结构，将做好的第一个挡板对象的中心点进行修改，按 Insert 键进入中心点编辑状态，将中心点位置移动到场景栅格中心，在移动的同时可打开捕捉栅格工具。调整完毕后，再次按 Insert 键退出中心点编辑状态，如图 2-11 所示。

STEP 08 选中调整好中心点的挡板模型，按 Shift+D 组合键进行复制，并使用移动工具旋转 90°来将新复制出来的物体移动到对应位置，如图 2-12 所示。

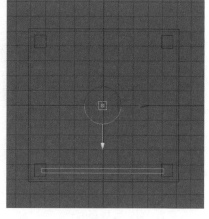

图 2-11

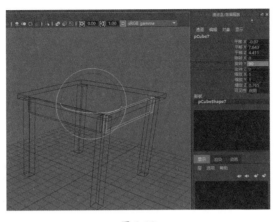

图 2-12

STEP 09 在复制旋转的同时，打开界面右侧的"通道盒 / 层编辑器"面板，手动输入数值来准确调整旋转度数。在保证复制对象选择状态没有被中断的情况下，可继续按 2 次 Shift+D 组合键来快速复制出另外 2 个挡板模型，如图 2-13 所示。

STEP 10 选择制作好的 4 面挡板，如图 2-14 所示。

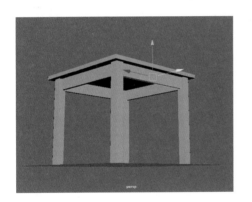

图 2-13

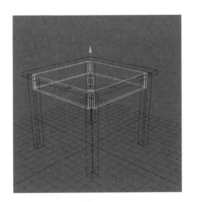

图 2-14

STEP 11 复制并向下移动来制作下方连接桌腿的结构，如图 2-15 所示。

STEP 12 对复制出来的结构统一进行缩放调整，如图 2-16 所示。

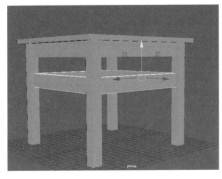

图 2-15

图 2-16

CHAPTER 01

CHAPTER 02

CHAPTER 03

CHAPTER 04

CHAPTER 05

3．制作抽屉和桌面底部

下面介绍制作方形桌子的抽屉和桌面底部的详细操作方法。

STEP 01 在桌面挡板的基础上制作一个抽屉的结构，可直接使用立方体来创建，如图 2-17 所示。

STEP 02 使用和挡板相同的复制方式，来制作另外 3 面的抽屉结构，如图 2-18 所示。

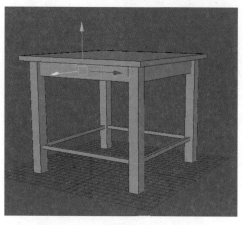

图 2-17

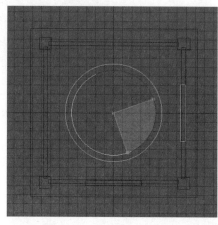

图 2-18

STEP 03 4 面的抽屉制作完成后，再将桌面复制并向下移动，调整大小将桌面底部的空间封闭起来，如图 2-19 和图 2-20 所示。

图 2-19

图 2-20

4．制作椅子

下面介绍如何快速制作方形椅子的详细操作方法。

STEP 01 在工具架找到"多边形"标签，单击多边形立方体图标，在场景内创建椅面，调整并进行缩放，如图 2-21 所示。

STEP 02 和制作桌腿的操作一致，创建立方体，通过缩放并复制来制作 4 条椅子腿，如图 2-22 所示。

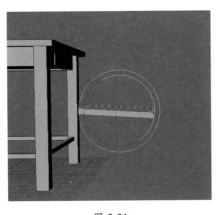

图 2-21

图 2-22

STEP 03 直接复制腿部结构并调整其角度来制作椅背，如图 2-23 所示。

STEP 04 按 Shift+D 组合键，使用复制和修改命令来制作椅背中间较细的结构，如图 2-24 所示。

图 2-23

图 2-24

STEP 05 完善椅背与椅子腿的结构展示，如图 2-25 和图 2-26 所示。

图 2-25

图 2-26

STEP 06 将制作好的椅子模型全部选中，按 Ctrl+G 组合键，将这些组合在一起的模型对象编成一个组，以便对其进行整体性的操作。编组完成后可打开大纲面板来观察和选择编好的组，如图 2-27 所示。

STEP 07 选中组，进行复制并修改操作，如图 2-28 所示。

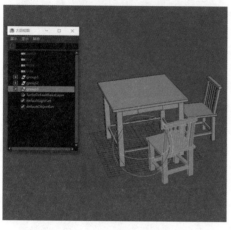

图 2-27

图 2-28

【听我讲】

2.1　对象操作工具

工具箱中的工具是 Maya 提供变换操作的最基本的工具，这些工具相当重要，在实际工作中使用的频率很高，如图 2-29 所示。

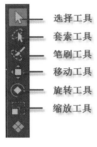

图 2-29

2.1.1　选择工具

在 Maya 中大多数的操作都是针对特定对象执行的，可能是单个的模型体，也可能是某个元素，所以必须先在工作区中选择对象，才可应用一些修改操作。因此，选择操作是建模和创建一切作品的基础。

（1）选择单个对象。只需在场景中单击需要选择的对象即可，被选中的对象将会呈绿色高亮线框显示。想要取消选择，可在视图的空白处单击，如图 2-30 所示。

（2）选择多个对象。可在场景中按住鼠标左键，拖曳出一个虚线的区域，释放鼠标后只要是处于虚线框内的对象都将被选择，通常称为框选，如图 2-31 所示。

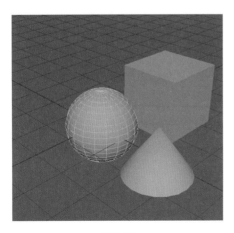

图 2-30

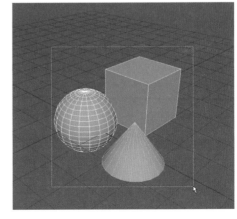

图 2-31

2.1.2　套索工具

用套索工具勾画出一个区域，即可选中该区域内的对象；通常在选取多个分布不均的顶点元素时可使用套索工具，如图 2-32 所示。

图 2-32

2.1.3　笔刷工具

笔刷工具只能用来选取模型的构成元素，如顶点、边、面。可通过 B+ 鼠标左键的方式来调整笔刷的大小范围，如图 2-33 和图 2-34 所示。

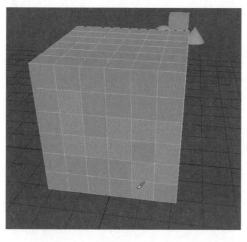

图 2-33

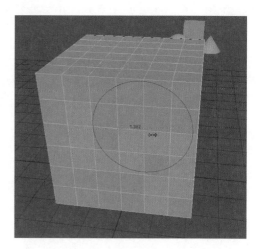

图 2-34

2.1.4　移动工具

使用移动工具可直接选中对象，进行后续的移动操作。移动对象是在三维空间中进行的，有对应的 3 个轴向，分别为 X、Y、Z，并在场景中以红、绿、蓝来表示，如图 2-35 所示。

拖曳相应的轴向手柄，可在该轴向上水平移动，如图 2-36 所示。

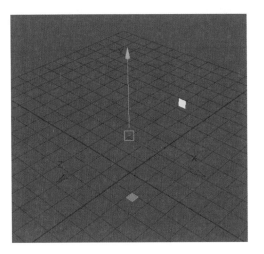

图 2-35

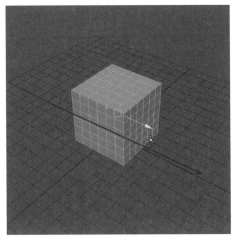

图 2-36

在轴心中间有一个方形控制器，将鼠标指针放在控制器上进行拖曳，也可达到移动对象的目的。但在透视图中，这种移动方法很难控制对象的移动位置。一般会在正交视图内使用这种方法操作，如图 2-37 所示。

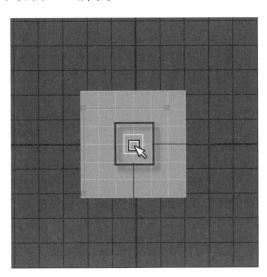

图 2-37

2.1.5 旋转工具

使用旋转工具可对对象进行旋转操作。同移动工具一样，旋转工具也有自己的操纵器，由 X、Y、Z 轴构成，也分别用红、绿、蓝来表示，如图 2-38 所示。

将指针放在对应的轴向线圈上进行拖曳，便可在选择的轴向上进行旋转，如图 2-39 所示。

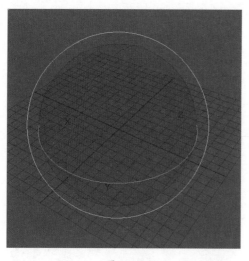

图 2-38　　　　　　　　　　　　　　　　图 2-39

若将指针放在中间空白处进行拖曳，则可在任意方向上进行旋转，如图 2-40 所示。

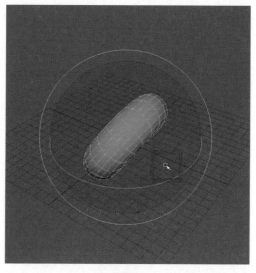

图 2-40

2.1.6　缩放工具

缩放工具可对对象进行自由的缩放操作，同样具有 3 个轴向的缩放操纵器，如图 2-41 所示。

将光标放置在某一轴向的方块上拖曳，可进行单轴的缩放操作，如图 2-42 所示。

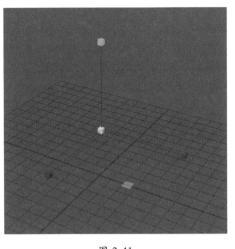

图 2-41

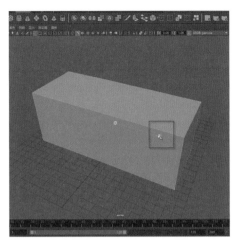

图 2-42

若想要整体地缩放对象，可用光标拖曳操纵器中心的黄色方块，如图 2-43 所示。

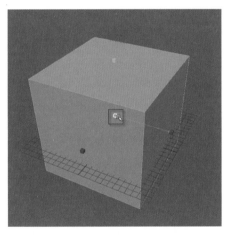

图 2-43

2.2　创建基本对象

在现实生活中，物体都有一定的形状，有的十分规则，有的十分不规则。Maya 提供了许多规则的基本几何体，可直接在场景内创建；建模的过程则是将基本几何体进行组合和变形的一个过程。

2.2.1　创建对象

这里以创建多边形基本几何体为例。想要找到完整的多边形基本体列表，需要打开"创建"菜单，直接选择对应的基本几何体并创建出来，如图 2-44 所示。

也可使用工具架上的快捷图标来选择创建的基本体类型，如图 2-45 所示。

图 2-44

图 2-45

2.2.2　交互式创建

在创建对象时，可选择交互式创建或非交互式创建。交互式创建指的就是可通过鼠标与键盘的控制来调整基本体的创建结果，而非交互式创建则是选择命令后直接在场景内生成一个默认设置的基本体。

可通过菜单中的"交互式创建"选项来进行创建模式的切换，如图 2-46 所示。

图 2-46

2.2.3　创建过程

不同的基本体会有不同的交互式创建过程，有的只需 1 次操作，有的则需要多次操作。

1．以创建球体为例

选择球体基本体图标后，直接使用鼠标在场景内进行拖曳，便可控制创建球体的位置及大小，释放鼠标后完成基本体的创建。

2. 以管道基本体创建为例

需要经过3次操作：第1次操作决定管道的位置和直径；第2次操作决定管道的高度；第3次操作决定管道内壁的厚度，如图2-47~图2-49所示。

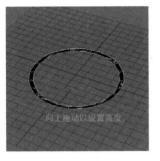

图 2-47

图 2-48

图 2-49

当要创建一个等比例的基本体时，需要按住 Shift 键来配合鼠标操作。

2.2.4 通道盒参数

基本体创建后打开"通道盒"面板，便可观察到基本体的对应信息，这里可将信息分为两类。

1. 变换参数

在物体的变换参数里，主要有平移、旋转、缩放3种类型，这里和对象的变换操作一一对应，在使用操纵器变换对象的同时可观察通道盒中变换参数的变化，也可直接在变换参数中输入数值来达到精准修改，如图2-50所示。

图 2-50

2. 输入属性

在输入属性处可直接观察到对象的构成参数，例如，基本体的宽度、高度、深度及 3 个轴向上的细分线段数。和变化属性一样，这里的数值都可直接输入修改来调整模型的结构，如图 2-51 所示。

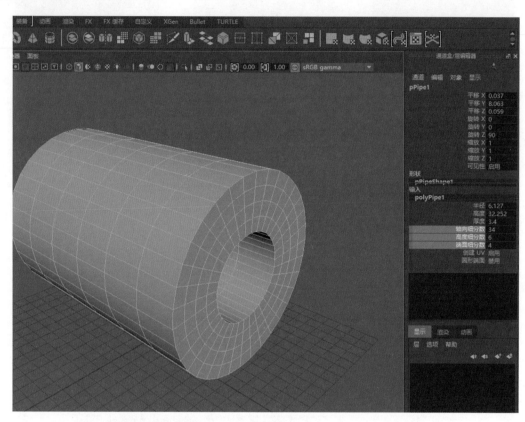

图 2-51

2.3   常用编辑方法

在进行编辑前，需要先学习几个简单的操作方法，才能更加方便、快捷地制作出作品。

2.3.1   复制对象

1. 原位复制

在 Maya 中，最常用的复制方式便是原位复制，可执行"编辑"|"复制"命令，或按 Ctrl+D 组合键，如图 2-52 所示。

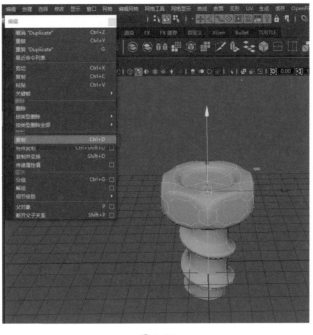

图 2-52

原位复制出来的物体和原物体是重叠在一起的，需要使用移动工具将新复制出来的对象移动出来，如图 2-53 所示。

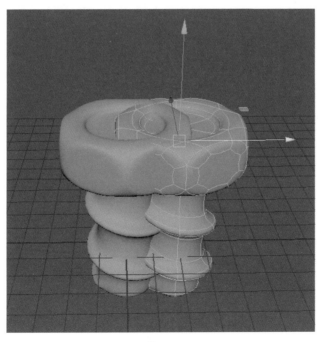

图 2-53

2．特殊复制

特殊复制也被称为"关联复制"，利用特殊复制，可复制出原始物体的副本对象，也可复制出原始物体的实例对象。单击"特殊复制"命令的设置按钮，即可弹出参数选项，可在里面选择复制的类型及修改复制出来的物体的变换属性，如图 2-54 所示。

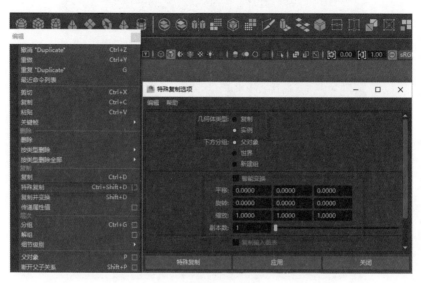

图 2-54

副本对象是复制出来的独立物体，而实例对象则是会和原始物体产生关联的物体，当修改原始物体时，复制出来的实例对象也会随之发生一样的改变，如图 2-55 所示。

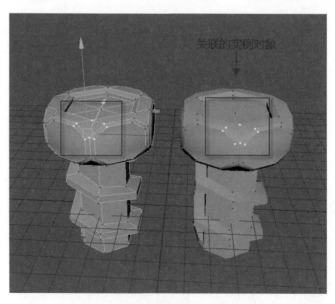

图 2-55

3. 复制并变换

"复制并变换"是一个智能复制功能，其不仅可用来复制对象，还可将对象的变化属性（如移动、旋转、缩放等）一起进行复制。复制所选内容，可使用当前操纵器应用已执行的上一个变换，如图 2-56 所示。

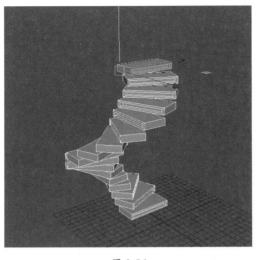

图 2-56

2.3.2　删除

当有些对象创建得不理想，或不想其出现在创建的场景中时，就可对其进行删除处理。下面介绍两种删除方式。

1．删除对象

当物体处于对象模式下，可执行"编辑"|"删除"命令，来删除场景内的物体，或直接按 Delete 键快速删除。

2．按类型删除

执行"编辑"|"按类型删除"命令，可删除选定对象的某一类型参数，也可删除场景内某一特定类型物件，如图 2-57 所示。

图 2-57

2.3.3　撤销与重复

与很多软件相同，Maya 也可利用撤销操作对错误操作进行撤回。当出现重复操作时，也可利用重复命令以便更加快速地完成工作。

1. 撤销

在软件操作过程中，难免会遇到一些操作失误的情况，这时候可执行"编辑"|"撤销"命令，或使用快捷键 Z。

2. 重复

当需要对不同的对象重复使用相同命令时，可执行"编辑"|"重复"命令，或使用快捷键 G，来快速完成工具的使用，如图 2-58 所示。

图 2-58

2.3.4　对象的编组

在 Maya 中，创建出的多个对象都具有独立性。如果需要同时编辑多个物体，需要将其组合在一起。使用编组命令的最大好处在于可自由地在组合个体之间进行切换，既可对组的整体进行统一编辑，又可切换到组中的独立个体进行修改。

1. 编组

选中需要进行编组的所有对象，执行"编辑"|"分组"命令，或使用 Ctrl+G 组合键。

2. 取消编组

选中组，执行"编辑"|"解组"命令，如图 2-59 所示。

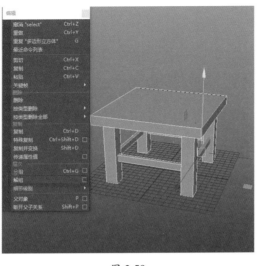

图 2-59

3．组的选择和切换

当对场景对象进行编组操作后，如果取消了当前组的选择状态，再次想要选中组时需要执行一些特别的选择方式，可执行"窗口"|"大纲视图"命令，在大纲视图中选择编好的组；或单独选中某一组内成员对象，然后按方向键↑键，切换至组的选择上，如图 2-60 所示。

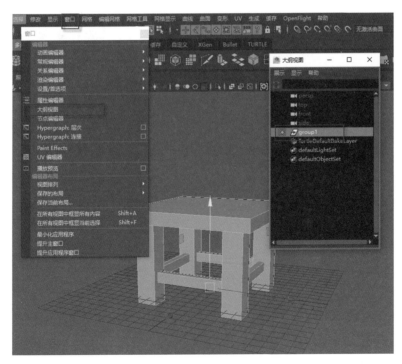

图 2-60

2.4 常用修改方法

在对对象进行操作的过程中，很多时候不仅会进行基本的变换操作，还会对对象的其他属性进行修改，此时就需要执行"修改"菜单中的相关命令。下面列举两种常用的修改工具。

2.4.1 冻结变换和居中枢轴

下面对冻结变换和居中枢轴进行简单介绍。

1. 冻结变换

所谓冻结变换，其实就是对所选对象的变换属性进行归零的一种操作。选中对象，执行"修改"|"冻结变换"命令，如图 2-61 所示，变换属性如图 2-62 所示。

图 2-61　　　　　　　　　　　　　　　　　　图 2-62

2. 居中枢轴

在对对象的编辑过程中，对象的中心枢轴有时候并不处于对象的正中心，对其操作会产生一定的难度，此时可执行"修改"|"居中枢轴"命令，如图 2-63 所示，图 2-64 中的枢轴变化后如图 2-65 所示。

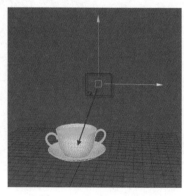
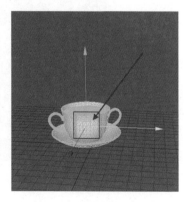

图 2-63　　　　　　　　　图 2-64　　　　　　　　　图 2-65

2.4.2　修改对象中心点

某些情况下需要让对象的中心点脱离物体的中心，移动到某个特定的位置，此时可选中对象，按 Insert 键，这时切换到移动工具，移动操纵器外形将发生改变，变成圆形造型，接下来便可移动对象的中心点。修改完成后需要再次按 Insert 键退出中心点编辑状态，如图 2-66 和图 2-67 所示。

图 2-66

图 2-67

2.4.3　捕捉工具

在 Maya 的状态栏提供了 5 种捕捉对象开关，如图 2-68 所示。在使用过程中，可单击按钮激活捕捉开关，或使用相对应的快捷键。

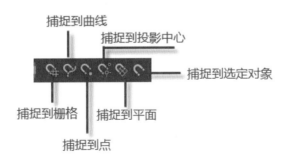

图 2-68

捕捉到栅格工具激活后，使用移动工具移动对象，发现指针在移动的过程中会对经过的栅格点自动捕捉定位，快捷键为 X。

捕捉到曲线工具激活后，可将对象捕捉到已存在的曲线上，快捷键为 C。

捕捉到点工具激活后，可将对象捕捉到模型顶点上，快捷键为 V。

Maya 三维动画
设计与制作案例技能实训教程

【自己练】

项目练习　制作书柜模型

🖥 项目背景

某家具厂设计出了一款新的书柜，委托我公司帮其制作出 3D 模型。

🖥 项目要求

按效果图片中书柜造型来制作 3D 模型。

🖥 项目分析

在使用多边形基本体搭建模型的过程中，合理利用复制命令来提高建模效率。在对模型进行组合及调整时，需要适当地使用编组命令来完成操作。

🖥 项目效果

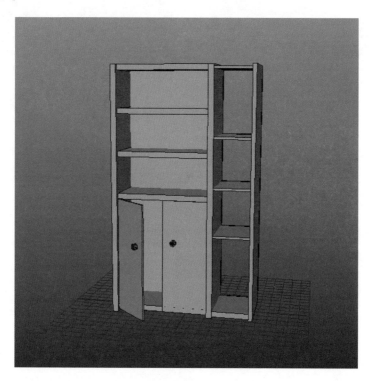

🖥 课时安排

2 课时。

第3章

多边形建模入门

本章概述

　　本章开始介绍多边形模型构成元素的相关知识，介绍如何对多边形模型的网格进行合理划分，介绍通过操作和编辑相关的构成元素来调整模型的形状，除此之外还会对多边形模型菜单中的基础命令进行讲解。

要点难点

多边形建模基础　★★★
多边形构成元素的操作　★★☆
结合和分离多边形网格　★★☆

案例预览

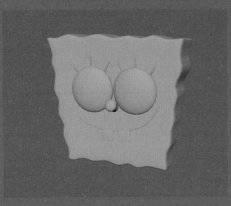

制作海绵宝宝头部

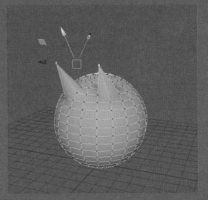

基础构成元素的操作

【跟我学】制作海绵宝宝头部

🖥 作品描述

对多边形基本体进行细分并调整构成元素，通过组合和修改对象形状来制作一个简易的海绵宝宝头部模型。在制作过程中，更加深入地了解和学习模型细分方法，通过调整构成元素来修改模型形状的技巧，以及掌握相关网格命令的使用。

🖥 实现过程

STEP 01 打开软件，在前视图中选择"视图"|"图像平面"|"导入图像"命令，将海绵宝宝的正面图片导入软件内，作为制作参照，如图 3-1 和图 3-2 所示。

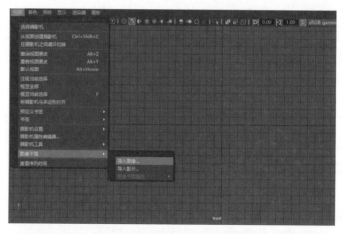

图 3-1

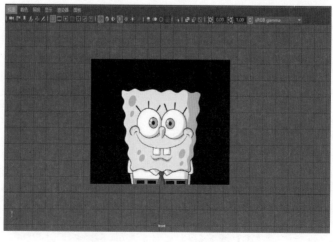

图 3-2

STEP **02** 使用移动工具和缩放工具调整导入图像的大小及位置，使图像中心对齐网格中线，图片位置远离场景，为后期制作模型空出方便观察操作的位置。也可打开右侧的"通道盒 / 层编辑器"面板，在"形状"栏进行参数的调节，调整图片透明度等选项，如图3-3和图3-4所示。

图 3-3　　　　　　　　　　　　　　　　图 3-4

STEP **03** 创建方形基本体，并在前视图和透视图内参照图片调整模型体的位置及大小，如图3-5所示。

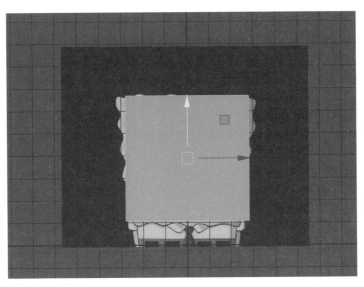

图 3-5

STEP **04** 为了制作头部边缘的结构，需要增加方形基本体的细分，在右侧"通道盒 / 层编辑器"面板下的"输入"栏内调节参数，如图3-6和图3-7所示。

CHAPTER 01
CHAPTER 02
CHAPTER 03
CHAPTER 04
CHAPTER 05

图 3-6　　　　　　　　　　　　图 3-7

STEP 05 打开"模块"下拉菜单，切换到"动画"模式，对方形基本体应用"晶格"变形器，如图 3-8 所示。

图 3-8

STEP 06 由于"晶格"变形器和模型重叠，为了方便选择，可在导航菜单中选中"晶格"变形器，右击进入晶格点编辑状态，如图 3-9 所示。

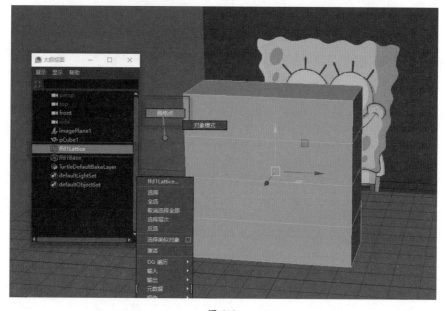

图 3-9

STEP 07 根据参考图片调整晶格形状，如图 3-10 所示。

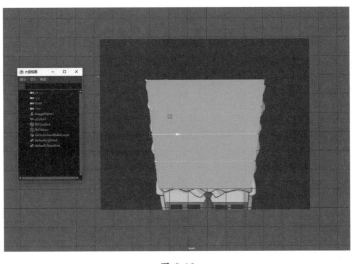

图 3-10

STEP 08 调整完成后，选中删除模型体的历史记录，"晶格"变形器也会随之删除，如图 3-11 和图 3-12 所示。

图 3-11

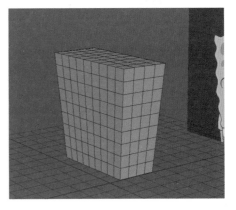

图 3-12

STEP 09 选中模型，右击进入顶点编辑模式，使用移动工具根据参考图来修改模型体 4 边顶点的位置以吻合造型，如图 3-13 和图 3-14 所示。

图 3-13

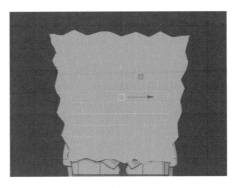

图 3-14

STEP 10 选中模型体四周的边线，对其执行"编辑网格"|"倒角"命令，如图 3-15 ~ 图 3-17 所示。

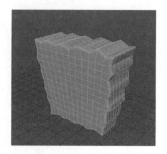

图 3-15   图 3-16   图 3-17

STEP 11 接下来制作眼睛和睫毛，创建球体模型，在前视图中调整位置及大小，如图 3-18 所示。

STEP 12 在侧视图中缩放眼球并放入头部模型内，如图 3-19 所示。

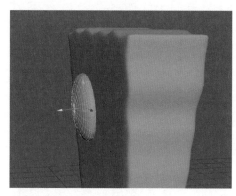

图 3-18   图 3-19

STEP 13 使用 Ctrl+D 组合键制作另外一个眼睛并调整位置，如图 3-20 所示。

STEP 14 创建圆柱体来制作睫毛部分。直接编辑圆柱体顶点来修改形状以对应参考图造型，如图 3-21 所示。

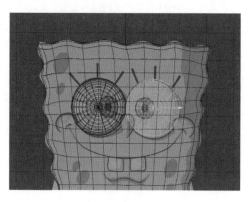

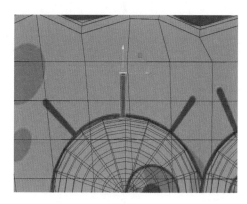

图 3-20   图 3-21

STEP **15** 将制作好的睫毛复制，移动到另外两根睫毛的位置，并在透视图中对睫毛部分进行调整，如图 3-22 所示。

STEP **16** 将一个眼睛上制作好的睫毛全部选中进行整体复制，移动到另外一个眼睛的部位并适当调整，如图 3-23 所示。

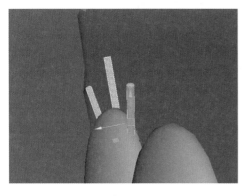

图 3-22

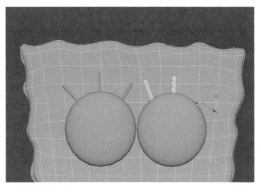

图 3-23

STEP **17** 制作鼻子部分。创建一个立方体模型，并调整细分段数，按参考图移动至鼻子部位，如图 3-24 和图 3-25 所示。

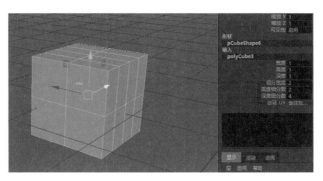

图 3-24

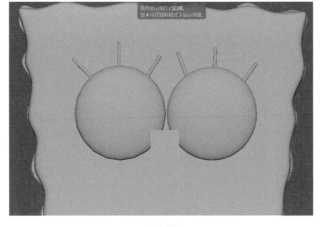

图 3-25

STEP 18 调整方形基本体 4 个角的顶点，选择四周顶点，使用缩放工具向内缩放至较圆的形态，如图 3-26 所示。

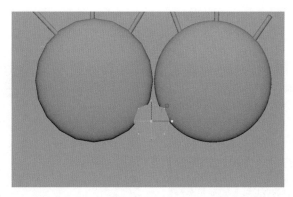

图 3-26

STEP 19 使用缩放工具调整方形点后方的顶点，使用旋转工具让鼻子略微上扬，如图 3-27 和图 3-28 所示。

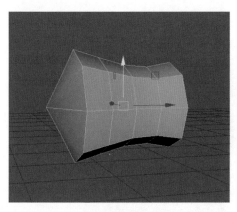

图 3-27

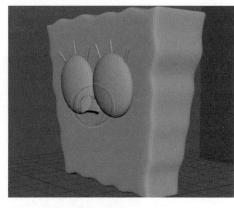

图 3-28

STEP 20 制作嘴巴和牙齿部分。在参考图嘴巴附近创建一根水平的圆柱体，并添加高度细分，如图 3-29 所示。

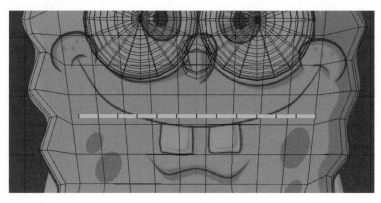

图 3-29

STEP **21** 切换到面编辑模式，删除圆柱体的一半，移动剩下部分的圆柱体顶点位置来和嘴巴形状匹配，如图 3-30 所示。

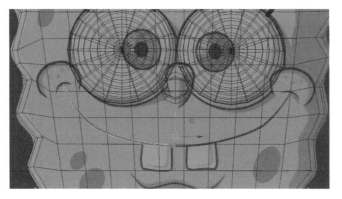

图 3-30

STEP **22** 执行"网格"|"镜像几何体"命令，生成嘴巴的另外一半，完成整个嘴部的制作，如图 3-31 所示。

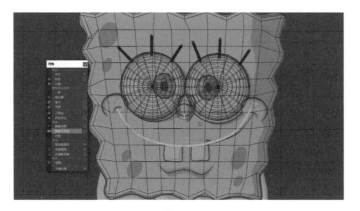

图 3-31

STEP **23** 创建方形基本体，修改宽度和高度为 2，缩放至扁平状，移动到嘴部下方，如图 3-32 所示。

STEP **24** 根据参考图中的牙齿修改模型体顶点位置，调整模型形状，如图 3-33 所示。

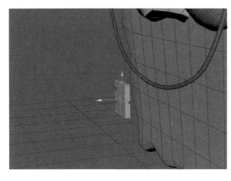

图 3-32

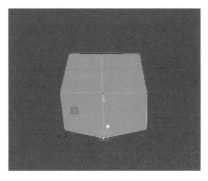

图 3-33

STEP 25 选中四周边线，制作倒角，如图 3-34 和图 3-35 所示。

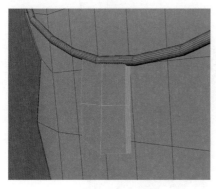
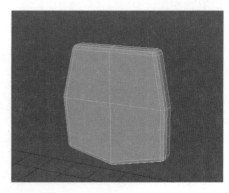

图 3-34   图 3-35

STEP 26 复制另外一颗牙齿，并对形状和位置进行调整，如图 3-36 所示。

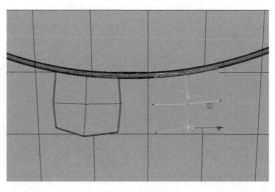

图 3-36

STEP 27 选中所有模型，执行"网格"|"平滑"命令，如图 3-37 所示。海绵宝宝头部制作完成，如图 3-38 所示。

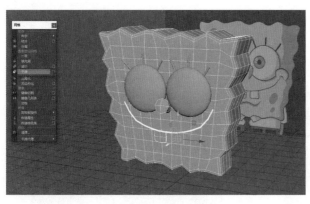
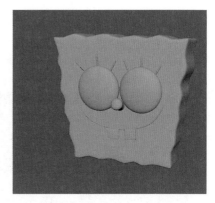

图 3-37   图 3-38

【听我讲】

3.1 多边形建模基础

多边形建模是一种非常直观的建模方式，也是 Maya 中最为重要的一种建模方法。它的方法比较容易理解，也非常适合初学者学习，并且在建模过程中用户可以有更多的想象空间和修改余地。

多边形建模方法虽然优势很大，但是当创建的模型较为复杂的时候，物体上的调节点会非常多。这就需要使用者对空间的构造有比较好的把握能力，能合理划分网格。

3.1.1 多边形的概念

多边形是指由顶点和顶点之间的边构成的 N 边形。多边形对象就是由 N 个多边形构成的集合。多边形对象可以是封闭的空间，也可以是开放的空间，如图 3-39 所示。

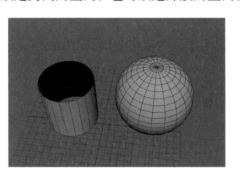

图 3-39

多边形对象与 NURBS 对象有着本质的区别。NURBS 对象是参数化的曲面，有严格的 UV 走向，除了剪切边外，NURBS 对象只能出现四边面；多边形对象是三维空间里一系列离散的点构成的拓扑结构，编辑起来相对自由。

3.1.2 多边形建模方法

目前，多边形建模方法已经相当成熟，大多数三维软件都有多边形建模系统。由于调节多边形相对比较自由，所以很适合创建生物和建筑类模型。

多边形建模方法有很多，根据目标构造的不同，可以采取不同的多边形建模方法，但大部分都遵循从整体到局部、从个体到组合的建模流程，如图 3-40 所示。

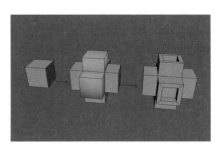

图 3-40

3.1.3　多边形的构成元素

多边形对象的组成元素有顶点、边和面，另外还包括多边形的 UV 坐标和法线。

1．顶点

在多边形物体上，边与边的交点就是这两条边的顶点，也是多边形的基本构成元素点，如图 3-41 所示。

2．边

边也是多边形基本构成元素中的线，它是顶点之间的边线，也是多边形对象上的棱边，如图 3-42 所示。

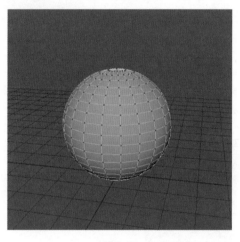

图 3-41

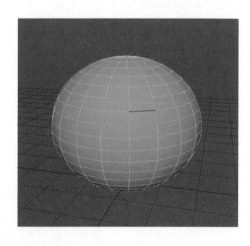

图 3-42

3．面

在多边形对象上，3 个或 3 个以上的点用直线连接起来形成的闭合的图像称为面。面的种类比较多，范围包括从三边围成的三角面到由 N 边围成的 N 边面。在 Maya 中，通常使用三边形或四边形，大于四边的面使用得相对较少，如图 3-43 所示。

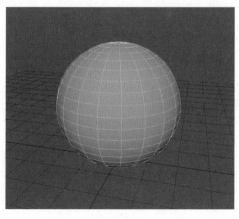

图 3-43

4．法线

法线是一条虚拟的直线，它与多边形表面垂直，用来确定表面的方向。在 Maya 中，法线可以分为"面法线"和"顶点法线"两种，如图 3-44 和图 3-45 所示。

图 3-44

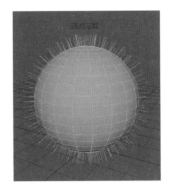

图 3-45

（1）面法线。面法线用来定义多边形面的正面，与多边形面垂直。如果面法线的方向不对，那么在渲染的时候可能会出现错误的效果。

（2）顶点法线。顶点法线是从多边形顶点发射出来的一组线，用来决定两个多边形面的视觉光滑程度。

为了把二维纹理图案映射到三维的模型表面上，需要建立三维模型空间形状的描述体系和二维纹理的描述体系，然后在两者之间建立关联关系。描述三维模型的空间形状用三维直角坐标，而描述二维纹理平面则用另一套坐标系统，即 UV 坐标。

多边形的 UV 对应着每个顶点，呈褐色点显示。如果需要编辑 UV 坐标，则需要在"UV 编辑器"里进行操作，详细操作方法会在后面的章节中进行介绍，如图 3-46 所示。

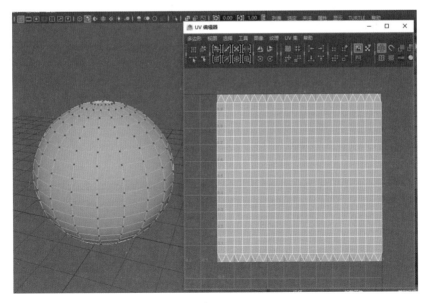

图 3-46

3.2　多边形构成元素的操作

在建模的同时，会运用到多种多边形，那么初学者则应该学会如何使用多种元素构成多边形。

3.2.1　多边形右键快捷菜单

使用多边形右键快捷菜单可快速地创建和编辑多边形对象。在没有选择任何对象时，按住 Shift 键右击，在弹出的快捷菜单中显示的是一些多边形基本体的创建命令，如图 3-47 所示。

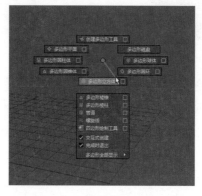

图 3-47

在选择了多边形对象时，右击，在弹出的快捷菜单中，显示的是一些多边形的次物体级别命令，如图 3-48 所示。

当进入了次物体级别时，如进入了面级别，按住 Shift 键右击，在弹出的快捷菜单中显示的是一些编辑面的工具与命令，如图 3-49 所示。

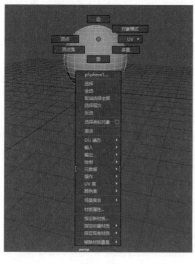

图 3-48

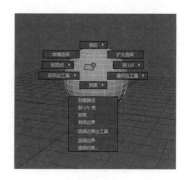

图 3-49

3.2.2　基础构成元素的操作

　　首先需要进入多边形构成元素编辑模式。可以通过右键快捷菜单的方式，即选中多边形对象并右击，将鼠标指针移动到对应的构成元素名称上，便可进入该元素的编辑模式。还可使用快捷键进入多边形的构成元素编辑模式，按F9键是顶点层级，F10键是边层级，F11键是面层级，F8键则还原到物体层级。

　　在编辑多边形构成元素时，可选中对应的元素使用移动、旋转、缩放工具来改变多边形的形状，如图3-50和图3-51所示。

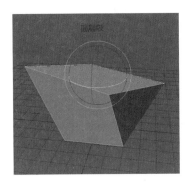

图 3-50

图 3-51

3.2.3　调整法线方向

　　在创建完物体后，法线不显示。可执行"显示"|"多边形"|"面法线"或"顶点法线"命令来显示法线，如图3-52所示。

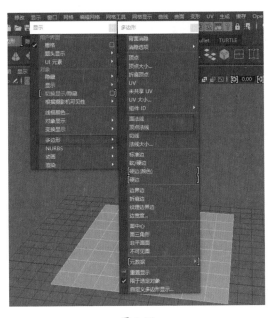

图 3-52

如果法线方向不对，可执行"网格显示"|"反转"命令来纠正方向，如图 3-53 和图 3-54 所示。

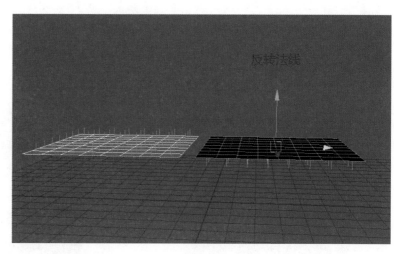

图 3-53 　　　　　　　　　　　　　　　　　　图 3-54

3.2.4　修改对象的构成参数

可在创建对象的初期，修改基本体的创建参数来改变对象的结构。以圆柱体为例，执行"创建"|"多边形基本体"|"圆柱体"命令，在圆柱基本体的设置面板内，可对圆柱体的具体构成参数做调整，如图 3-55 所示。

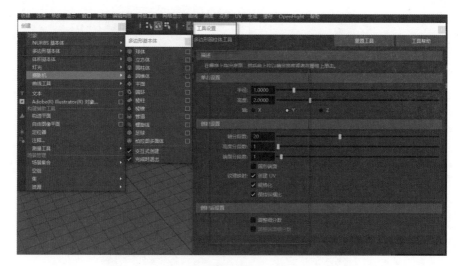

图 3-55

模型创建完成后，在没有对元素层级的内容进行修改前，也可在"通道盒 / 层编辑器"面板的创建对象"输入"栏内做修改，如图 3-56 所示。

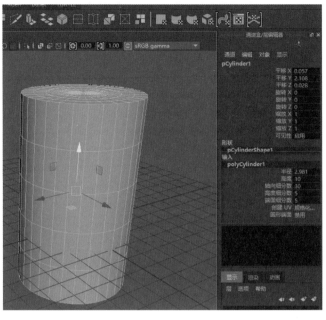

图 3-56

3.2.5 移除构成元素

在多边形建模过程中，经常需要删除多余的构成元素来简化模型。在创建完一个多边形对象后，进入边或者面的编辑状态，选中要删除的边或面，按 Backspace/Delete 键即可将其删除，如图 3-57 所示。

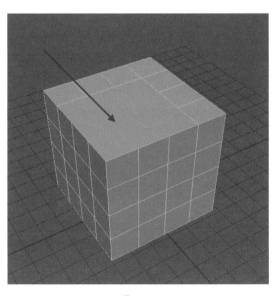

图 3-57

在删除顶点时，需要执行"编辑网格"|"删除边 / 顶点"命令，才能将其删除，如图 3-58 所示。

图 3-58

3.3 结合和分离多边形网格

下面对结合和分离多边形网格进行简单的介绍。

3.3.1 多边形布尔运算

在 Maya 中，布尔运算是一种比较实用和直观的建模方法，是一个对象作用于另一个对象的建模方式。作用的方式有 3 种，即并集、差集和交集，如图 3-59 所示。

图 3-59

下面介绍多边形布尔运算的具体操作。

创建一个球体和一个圆锥体，调整它们的大小及位置，如图 3-60 所示。

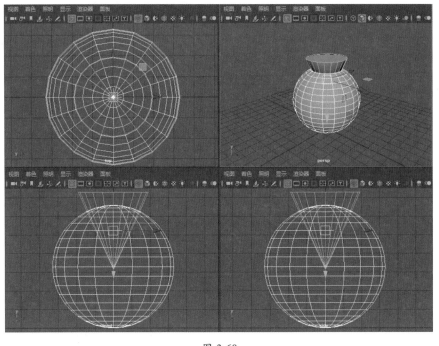

图 3-60

1. 并集运算

选中球体和圆锥体，使用"并集"命令，观察图像会发现，球体和圆锥体已经结合成为一个物体了，如图 3-61 所示。

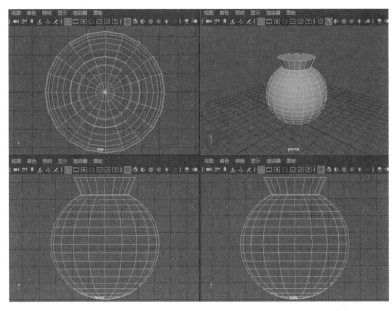

图 3-61

2．差集运算

选中球体和圆锥体，使用"差集"命令，观察图像会发现，球体被圆锥体减去了一部分，如图 3-62 所示。

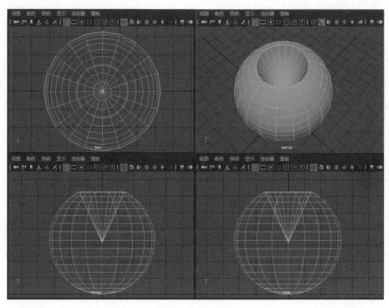

图 3-62

3．交集运算

选中球体和圆锥体，使用"交集"命令，观察图像会发现，球体和圆锥体重叠的部分被保留下来了，如图 3-63 所示。

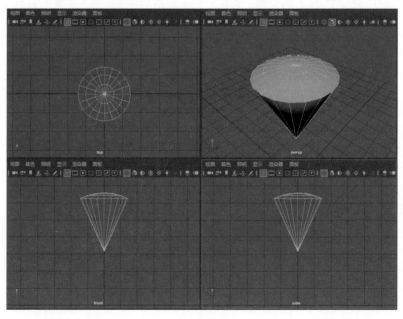

图 3-63

3.3.2　结合和分离

在 Maya 中，可运用结合和分离工具快速合并对象或分离对象。下面简单介绍结合和分离的操作方法。

1．结合

在多边形建模中，可以使用结合工具将两个或者两个以上的对象合并成一个对象，并且在结合的时候不让对象之间有重叠的区域，如图 3-64 和图 3-65 所示。

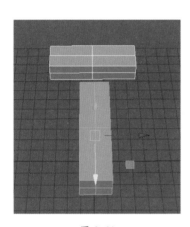

图 3-64

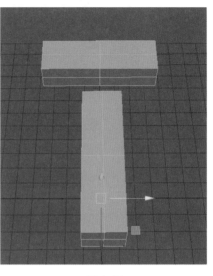

图 3-65

2．分离

分离工具可以将使用过结合命令并留有命令记录的多个对象进行分离，也可以分离本身开放的、没有公共边的模型，如图 3-66 和图 3-67 所示。

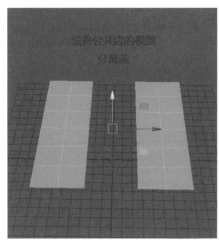

图 3-66

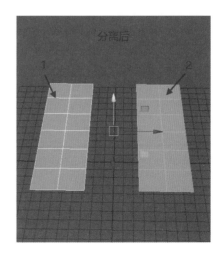

图 3-67

3.4   网格的重新划分

下面讲解如何使用多种方法对网格进行重新划分。

3.4.1   填充洞

使用填充洞工具可以填充多边形上的洞，并且可以一次性填充多个洞，如图3-68所示。

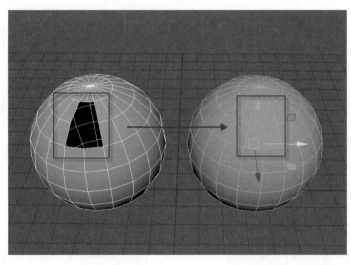

图 3-68

3.4.2   减少 / 平滑

减少命令可以简化多边形的面。如果一个模型的面数太多，就可以使用该命令对其进行简化，如图 3-69 所示。

平滑命令是多边形建模中使用频率比较高的命令。它是通过细分来光滑多边形，细分的面越多，模型就越光滑。它的使用方法也很简单，先选择模型对象，再使用平滑命令即可，如图 3-70 所示。

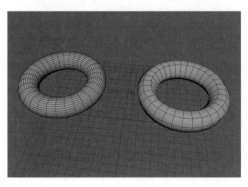

图 3-69

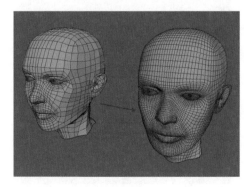

图 3-70

3.4.3　镜像几何体和镜像切割

在创建有对称关系的模型时，如家具、人物等，只需创建一半就可以了，然后使用"镜像几何体"命令复制出另一半模型，合并成一个完整的模型，如图 3-71 所示。

单击"镜像"命令右侧的小方块按钮，可以进入命令的参数设置面板。在面板内对镜像的方向以及是否合并模型等做具体的调节，如图 3-72 所示。

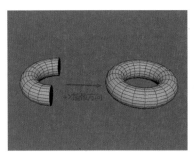

图 3-71

图 3-72

在某些情况下，可能需要剪切掉物体的一部分并镜像，这时就可以使用另外一个镜像命令——"镜像切割"。使用"镜像切割"命令时，视图中会出现一个剪切平面和操纵手柄，可以通过移动、旋转、缩放剪切平面来调整镜像物体，如图 3-73 所示。

和镜像命令相同，镜像切割也有类似的参数面板可以进行调节，如图 3-74 所示。

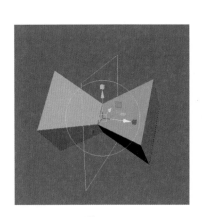

图 3-73

图 3-74

【自己练】

项目练习　制作胡桃夹子玩偶

🖥 项目背景
为某动画电影制作胡桃夹子玩偶头部部分的 3D 模型。

🖥 项目要求
以项目效果图为例，用多边形基本体进行模型制作，符合图例造型。

🖥 项目分析
拆分和概括制作对象的形状，找到适用的多边形基本体进行制作。注意每个模型部分的网格分布，进入多边形元素级别调整出玩偶头部的细节。

🖥 项目效果

🖥 课时安排
2 课时。

第4章

多边形的编辑技巧

本章概述

　　本章将介绍多边形构成元素比较复杂且具有技巧性的操作，对多边形建模中"编辑网格"和"网格工具"两个菜单中的常用命令进行讲解，列举出一些重要的结构添加以及修改的工具。掌握这些操作工具，可帮助用户更加灵活便捷地完成建模工作。

要点难点

　　多边形构成元素的高级操作 ★★★

　　多边形网格显示 ★★☆

案例预览

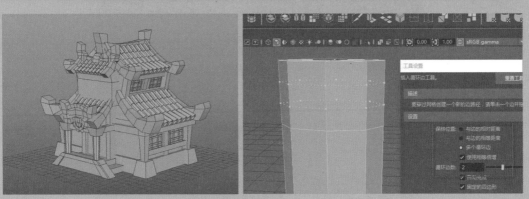

制作 Q 版卡通房屋　　　　　　　　　　　插入循环边命令

【跟我学】 制作 Q 版卡通房屋

🖥 作品描述

合理地利用多边形建模相关命令来制作一个 Q 版卡通房屋模型。在制作过程中，更加深入地了解和学习多边形建模模板的内容，掌握网格菜单、编辑网格菜单、网格工具下常用的相关命令。

🖥 实现过程

STEP 01 首先制作房屋的大体形状，在场景正中心创建多边形方形几何体，并使用缩放工具调整大小，如图 4-1 所示。

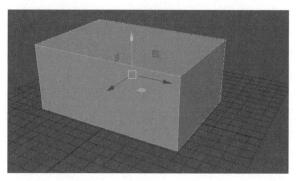

图 4-1

STEP 02 切换到面元素的编辑状态下，选择上方的面，使用"挤出"命令，在挤出的过程中调整新挤出面的厚度及大小，调整出房屋的形状，如图 4-2 ～图 4-4 所示。

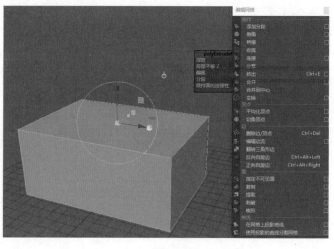

图 4-2

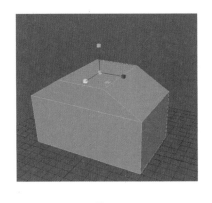
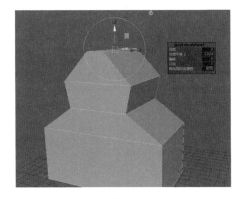

图 4-3	图 4-4

STEP 03 使用插入循环边工具在下方插入一圈循环边，如图 4-5 所示。

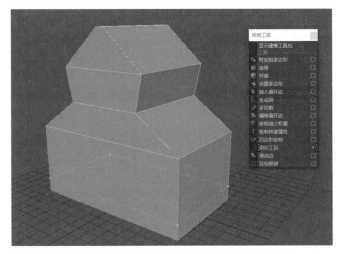

图 4-5

STEP 04 选中下方被线段分割后的面，使用挤出工具增加基础面的厚度来制作房屋底部的结构，如图 4-6 所示。

STEP 05 选中最下方的循环边，使用缩放工具向外缩放，做出略微倾斜的角度，如图 4-7 所示。

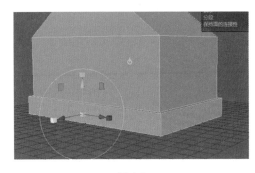

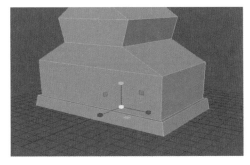

图 4-6	图 4-7

STEP 06 制作正面进门的台阶，创建一个多边形方形，并依次使用挤出工具制作台阶的厚度和两侧延伸出来的结构，如图 4-8 所示。

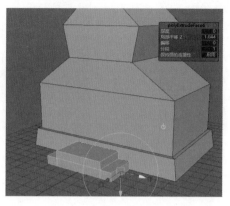

图 4-8

STEP 07 创建多边形方盒并切换至顶点，调整模型形状为梯形，放入和台阶所匹配的位置，如图 4-9 和图 4-10 所示。

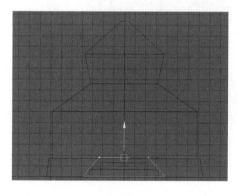

图 4-9

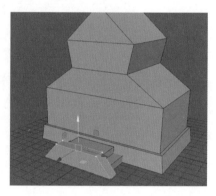

图 4-10

STEP 08 使用插入循环边工具添加对应的结构线段，并使用挤出工具对分割的面挤出厚度，如图 4-11 和图 4-12 所示。

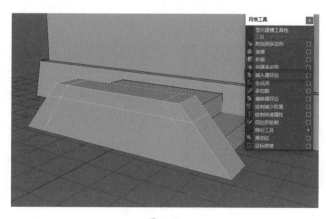

图 4-11

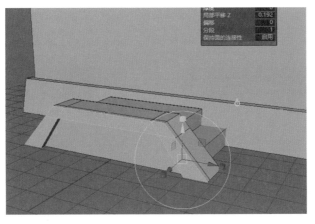

图 4-12

STEP 09 制作房屋侧面的结构。先创建一个长条状的方形来制作侧面的脊，如图 4-13 所示。

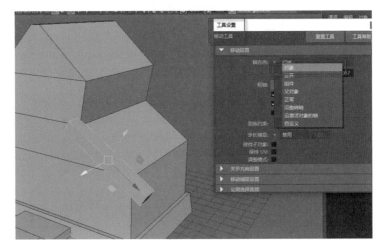

图 4-13

STEP 10 调整下端面的大小，使用插入循环边工具，插入适当分段，如图 4-14 所示。

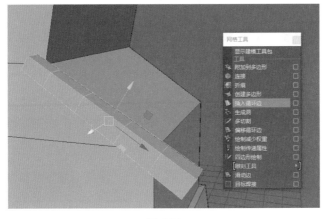

图 4-14

STEP **11** 进入编辑顶点模式，调整模型形状，做出弧形的走势，如图 4-15 所示。

STEP **12** 使用挤出工具挤出末端的面，做出凸起的结构，如图 4-16 和图 4-17 所示。

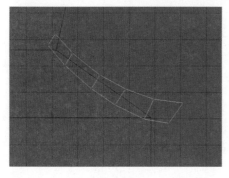

图 4-15

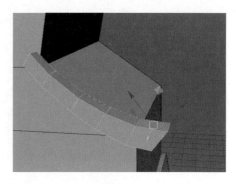

图 4-16

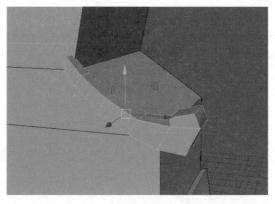

图 4-17

STEP **13** 按 Ctrl+D 组合键，复制另一侧的脊梁模型，移动到对应的位置，如图 4-18 所示。

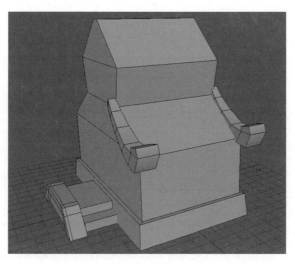

图 4-18

STEP 14 制作瓦片的结构，创建一个多边形圆柱体并修改细分线段数，如图 4-19 所示。

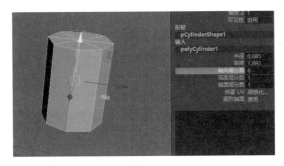

图 4-19

STEP 15 进入面元素编辑状态，删除圆柱体一半的面，调整大小，放置在屋檐位置，如图 4-20 所示。

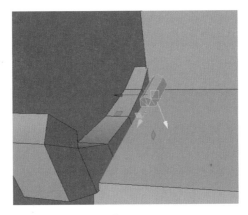

图 4-20

STEP 16 使用多切割工具在半圆柱上创建线段，如图 4-21 所示。

STEP 17 选择被分割后内部的面，依次向外挤出厚度并注意调整走势，如图 4-22 和图 4-23 所示。

STEP 18 将最后的分割面向内挤出，如图 4-24 所示。

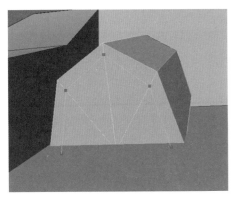

图 4-21

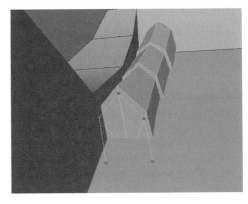

图 4-22

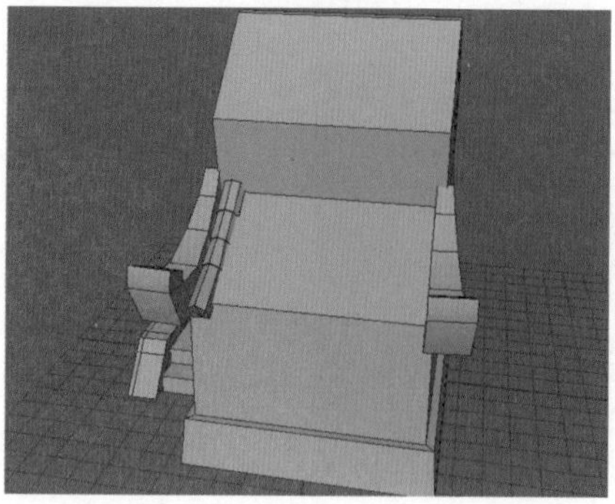

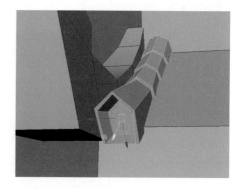

图 4-23

图 4-24

STEP 19 当制作好一条完整的瓦片结构后，按 Shift+D 组合键，依次向右移动复制，制作一整面的屋顶，如图 4-25 所示。

STEP 20 制作 2 楼的房屋部分，使用插入循环边工具在房屋模型的两侧插入循环边，并使用挤出工具向外挤出厚度，如图 4-26 所示。

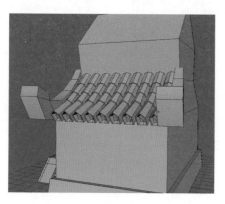

图 4-25

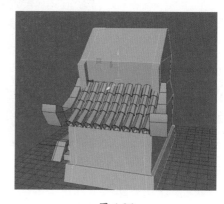

图 4-26

STEP 21 复制下方的两条侧脊梁模型，并对变换属性做出相应的调整，如图 4-27 所示。

STEP 22 复制下方的一整面瓦片结构，并适当地调整变换属性以匹配屋顶结构，如图 4-28 所示。

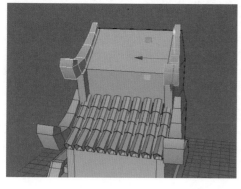

图 4-27

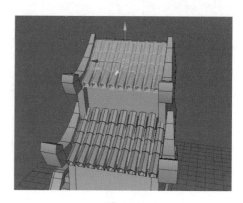

图 4-28

STEP 23 制作2楼的窗台及窗户结构，创建多边形长方体并调整大小，放置在相匹配位置上，如图4-29所示。

STEP 24 创建多边形平面来制作窗户，使用插入循环边工具对平面做切割，如图4-30所示。

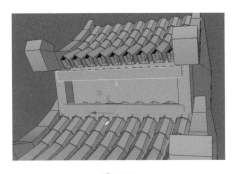

图 4-29

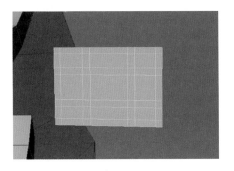

图 4-30

STEP 25 删除图示中的面，并对剩下的结构使用挤出工具制作厚度，如图4-31和图4-32所示。

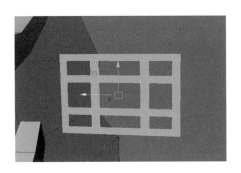

图 4-31

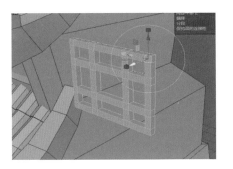

图 4-32

STEP 26 将做好的窗户移至墙面位置，适当调整变换属性以匹配窗台结构，如图4-33所示。

STEP 27 完善1楼侧面的结构，制作柱，创建多边形方形，调整上方面的大小，如图4-34所示。

图 4-33

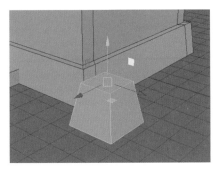

图 4-34

STEP 28 再创建一个多边形方形，调整高度与顶面大小以制作柱子，如图 4-35 所示。

STEP 29 将基台和柱子放置在对应位置并且复制，如图 4-36 所示。

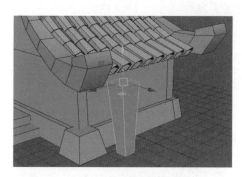

图 4-35

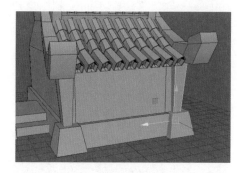

图 4-36

STEP 30 制作房梁结构，如图 4-37 所示。

STEP 31 利用 2 楼相同的方式制作 1 楼窗台墙体的结构，窗户可直接复制，如图 4-38 所示。

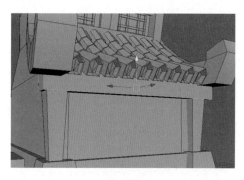

图 4-37

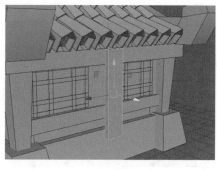

图 4-38

STEP 32 将房屋一侧的结构全部选中，按 Ctrl+G 组合键编组并且复制，如图 4-39 所示。

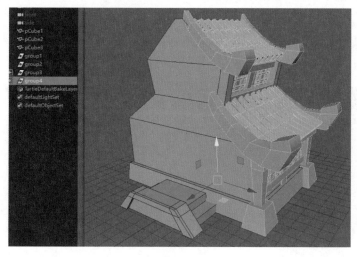

图 4-39

STEP 33 调整新复制组的缩放值，制作成镜像效果来完成房屋另外一侧的结构，如图 4-40 所示。

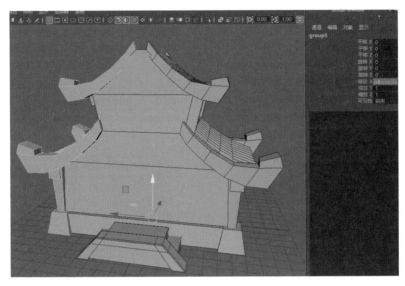

图 4-40

STEP 34 制作房屋的正面部分与屋顶的正脊，创建一个多边形方形来制作正面延伸出来的房屋结构，如图 4-41 所示。

STEP 35 制作房屋延伸出部分的侧脊与屋檐，创建多边形，调整上下端面的缩放比例，如图 4-42 所示。

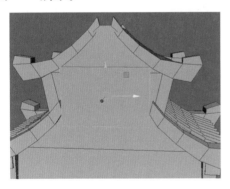

图 4-41

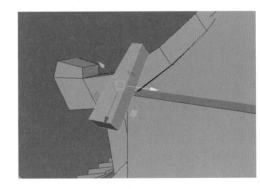

图 4-42

STEP 36 插入循环边，调整模型形状，如图 4-43 所示。

STEP 37 制作屋檐瓦片，如图 4-44 ～图 4-46 所示。

STEP 38 制作前方的横脊，创建多边形长方体，增加细分段数，如图 4-47 所示。

STEP 39 修改顶点位置，调整形状，如图 4-48 所示。

CHAPTER 01

CHAPTER 02

CHAPTER 03

CHAPTER 04

CHAPTER 05

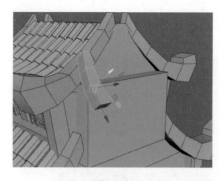

图 4-43

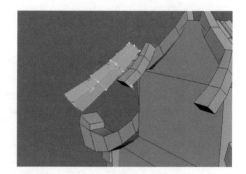

图 4-44

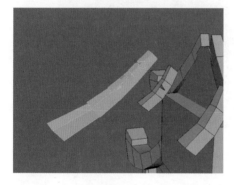

图 4-45

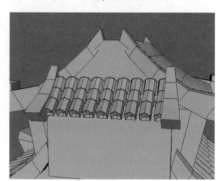

图 4-46

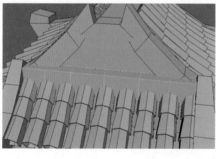

图 4-47

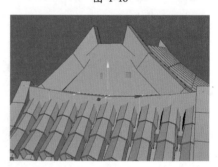

图 4-48

STEP 40 创建多边形并使用挤出工具制作两侧的房檐，如图 4-49 和图 4-50 所示。

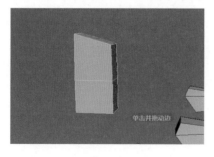

图 4-49

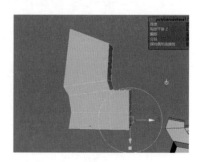

图 4-50

STEP 41 插入循环边，调整形状再挤出，如图 4-51 所示。

STEP 42 镜像复制并移动到对称位置，如图 4-52 所示。

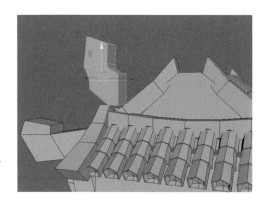

图 4-51

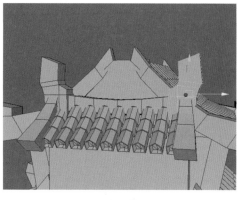

图 4-52

STEP 43 制作屋顶的正脊，创建多边形方形，并挤出成图示结构，如图 4-53 和图 4-54 所示。

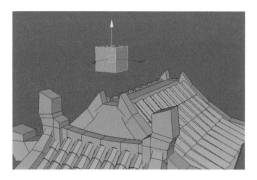

图 4-53

图 4-54

STEP 44 选择下方的面，使用楔形面工具制作一个向房屋正面翻转的结构，如图 4-55 所示。

STEP 45 放置在如图位置并调整模型顶点，如图 4-56 所示。

图 4-55

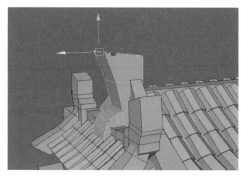

图 4-56

STEP 46 使用复制命令并镜像放置对称位置，选中两侧的结构，使用"结合"命令，如图 4-57 所示。

图 4-57

STEP 47 选择两端模型对称位置面，使用桥接工具产生连接的面，如图 4-58 所示。

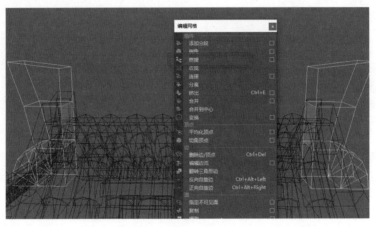

图 4-58

STEP 48 调整桥接出来的结构，修改模型顶点成弧形状，如图 4-59 所示。

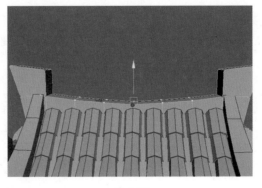

图 4-59

STEP 49 制作正面层屋檐结构，方法与之前相同，这里不再赘述，如图 4-60 和图 4-61 所示。

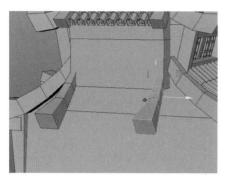
图 4-60

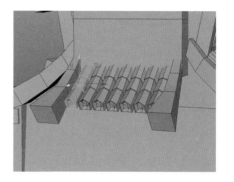
图 4-61

STEP 50 制作台柱结构，如图 4-62 ～图 4-64 所示。

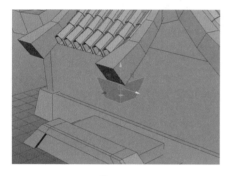
图 4-62

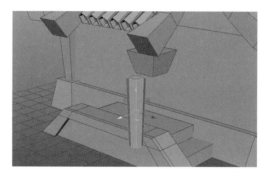
图 4-63

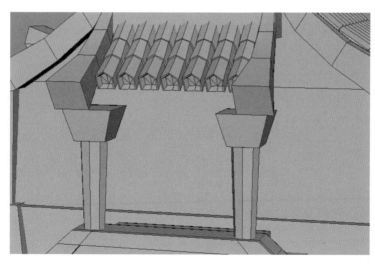
图 4-64

STEP 51 为侧面的屋檐结构插入一圈线段，并对背面的面使用挤出工具，拉伸至另一侧面贯穿整个正面墙体，如图 4-65 和图 4-66 所示。

图 4-65

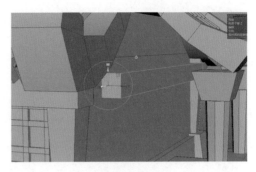

图 4-66

STEP 52 创建几条多边形长方形为一层制作房梁，如图 4-67 所示。

STEP 53 制作正面的大门结构，创建一个多边形方形，调整大小并放置在墙体突出位置，如图 4-68 所示。

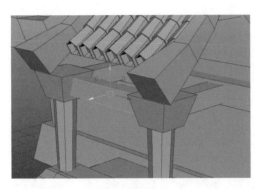

图 4-67

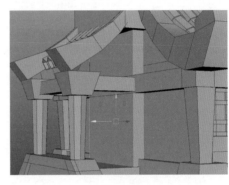

图 4-68

STEP 54 使用插入循环边工具将门的形状切割出来，然后向内挤做出门的结构，如图 4-69 和图 4-70 所示。

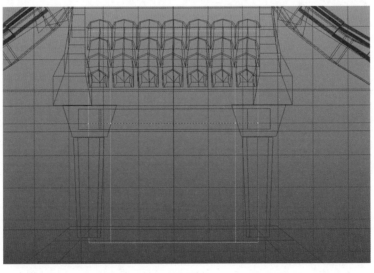

图 4-69

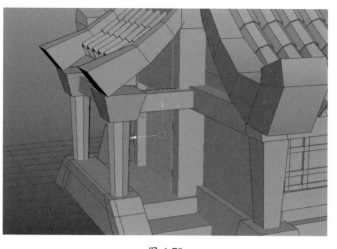

图 4-70

STEP 55 制作正面的招牌,创建多边形长方体,添加细分,修改形状,如图 4-71 所示。

STEP 56 使用挤出工具挤出一段结构,如图 4-72 所示。

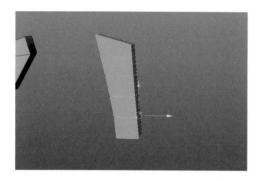

图 4-71

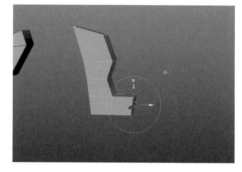

图 4-72

STEP 57 依次挤出,并调整走势及形状,如图 4-73 所示。

STEP 58 删除右端的面,并对上方的面使用"挤出"命令,在平面内挤出一个缩小的面,如图 4-74 所示。

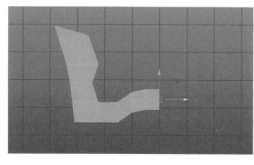

图 4-73

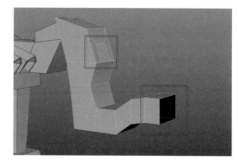

图 4-74

STEP 59 使用 Insert 键修改模型的中心点位置,如图 4-75 所示。

STEP 60 复制并且修改缩放值，得到镜像物体，如图 4-76 所示。

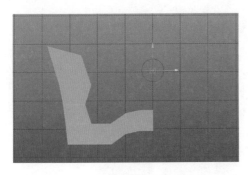

图 4-75　　　　　　　　　　　　　　　　　　　图 4-76

STEP 61 使用结合工具结合复制与被复制物体。进入顶点编辑模式，选择现在处于重叠状态的顶点，使用合并工具合并重叠区域的顶点，缝合模型，如图 4-77 所示。

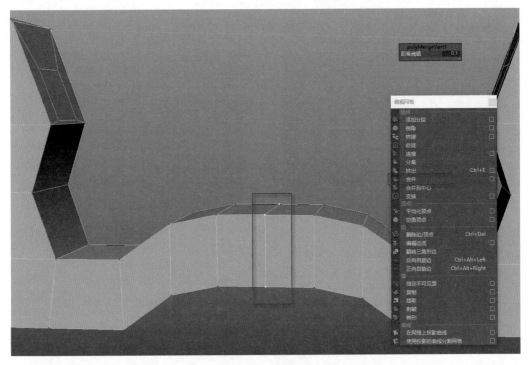

图 4-77

STEP 62 选择上方对称的面，打开"桥接选项"面板，将桥接类型修改为平滑路径，如图 4-78 所示。

STEP 63 创建多边形平面，放置在招牌模型内部，添加细分线段调整平面边缘形状，如图 4-79 所示。

STEP 64 创建细分段数为 8 的圆柱体，选择上方一半的面，如图 4-80 所示。

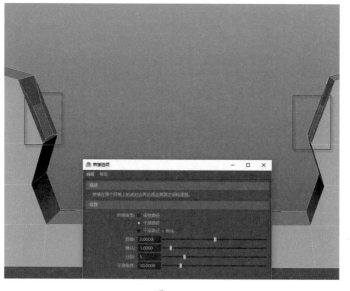

图 4-78

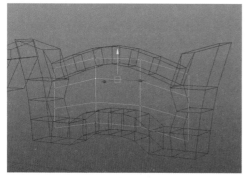

图 4-79

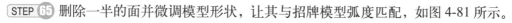

图 4-80

STEP 65 删除一半的面并微调模型形状，让其与招牌模型弧度匹配，如图 4-81 所示。

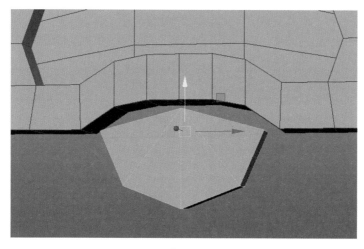

图 4-81

CHAPTER 01

CHAPTER 02

CHAPTER 03

CHAPTER 04

CHAPTER 05

STEP **66** 选择圆柱体侧面的面，使用"挤出"命令并禁用面的连接线属性，如图 4-82 所示。

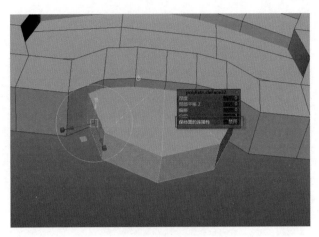

图 4-82

STEP **67** 向外挤出厚度，如图 4-83 所示。

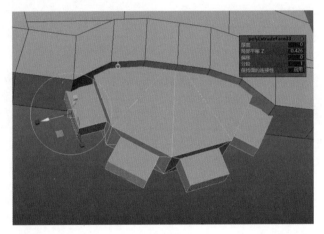

图 4-83

STEP **68** 依次使用多切割工具添加圆柱体表面半弧形线段，如图 4-84 和图 4-85 所示。

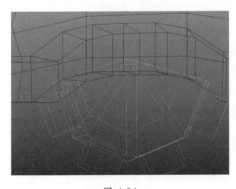

图 4-84

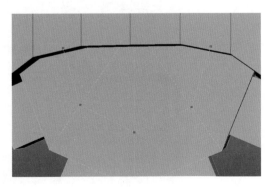

图 4-85

STEP 69 选择圆柱体上被分割出来的面，使用挤出工具，如图 4-86 所示。

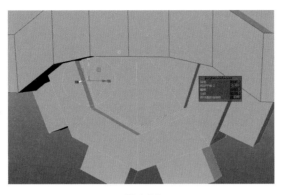

图 4-86

STEP 70 为整个招牌部分的模型编组，执行"编辑"|"居中枢轴"命令，调整中心点位置以方便操作，如图 4-87 所示。

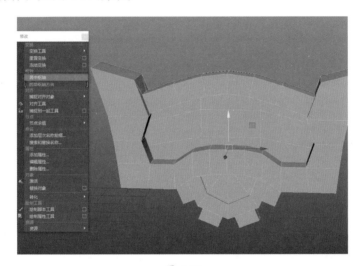

图 4-87

STEP 71 调整相关变换属性，并放置其在对应位置，如图 4-88 所示。Q 版卡通房屋模型制作完成，如图 4-89 所示。

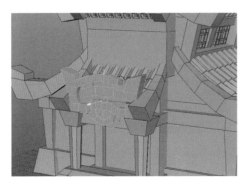

图 4-88

图 4-89

【听我讲】

4.1 多边形构成元素的高级操作

多边形模型建模的方法不仅是简单地对点、线、面元素的变换操作，更是在制作中对模型不断地进行结构的删减、添加、修改的过程，因此需要学习和掌握多边形网格的相关工具来帮助我们完成工作。

4.1.1 添加分段工具

添加分段工具可对整体模型或者所选择的模型局部添加分段，其和平滑工具的不同之处在于添加分段命令不会改变模型的外形，如图 4-90 所示。

图 4-90

在实际操作中，可直接选中模型后使用添加分段工具，并对分段的数量进行设置，如图 4-91 和图 4-92 所示。

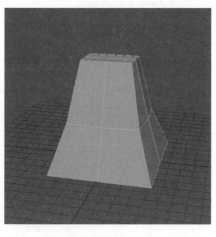

图 4-91

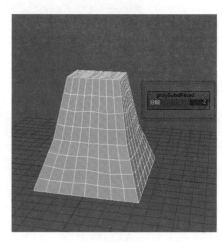

图 4-92

切换到多边形构成元素的选择状态，选中模型上的局部区域来添加分段，如图 4-93 和图 4-94 所示。

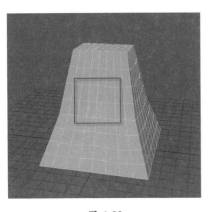

图 4-93

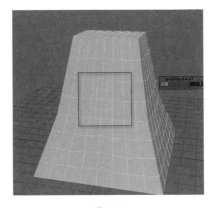

图 4-94

4.1.2　挤出工具

挤出工具是多边形建模的重要手段之一，其使用结果相当于在选定元素的基础上生成新的多边形结构。使用挤出工具时，不同的操作方式和参数设置会得到不同的结果，如图 4-95 所示。

这里以面元素为例示范几种挤出的操作方式。

选定单个或多个元素进行操作，选择球体模型的多个面使用挤出命令。切换到面的选择模式，按住 Shift 键连续选择 4 个面并单击挤出工具，如图 4-96 和图 4-97 所示。

图 4-95

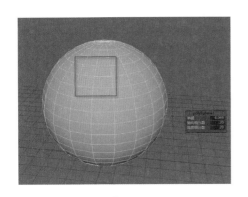

图 4-96

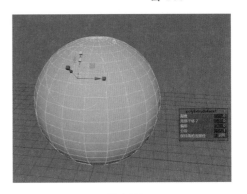

图 4-97

此时会出现挤出工具的操作手柄，可拖曳方向箭头来移动新挤出的面，如图 4-98 所示。

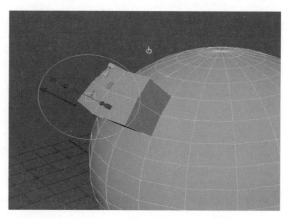

图 4-98

除了拖曳方向箭头来移动新挤出的面调整厚度外，还可单击操作手柄上的小方块来进行缩放的操作，如图 4-99 所示。

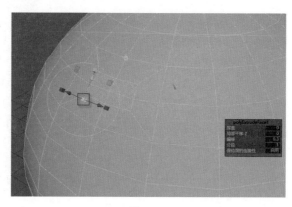

图 4-99

除了使用操作手柄来控制挤出面的状态外，可通过出现在右下方的参数面板来调整挤出的面，如厚度和偏移参数，按住鼠标左键左右滑动修改数值，也可得到用操作手柄时一样的结果，如图 4-100 所示。

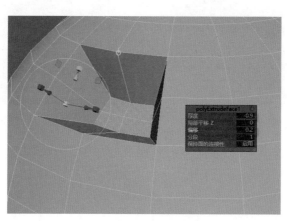

图 4-100

在使用挤出命令时，还存在两种特殊的使用方法。

(1) 一种是创建一条曲线，让选定面沿着曲线做挤出，此时为了保证挤出面能形成曲线弯曲的造型，在挤出时需要调整挤出的段数，其可在弹出的命令面板中修改。

先选择需要挤出的面，再加选创建好的线段，使用挤出工具并调整分段数，如图 4-101 和图 4-102 所示。

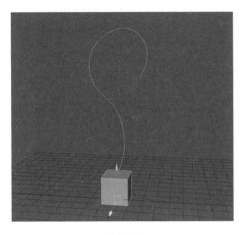
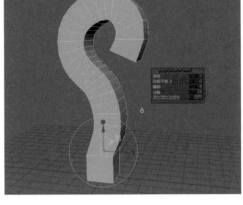

图 4-101　　　　　　　　　　　　　　　　　图 4-102

挤出命令还有两个比较常见的调节参数，就是"锥度"和"旋转"，可执行"编辑网格"|"挤出"命令，在挤出设置里进行预先调整；或者在使用命令之后在右侧的面板内找到使用的挤出命令来进行调节，如图 4-103 和图 4-104 所示。

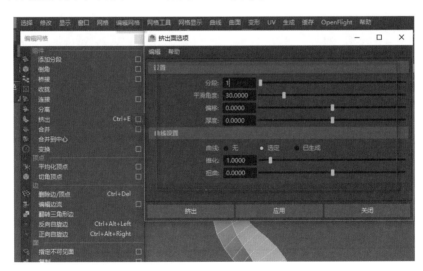

图 4-103

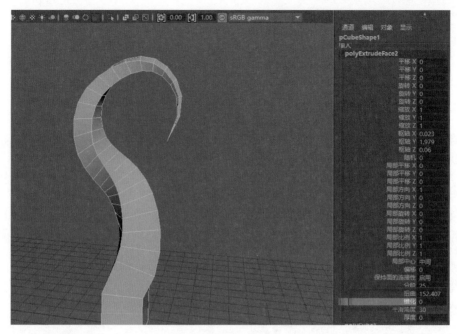

图 4-104

（2）另一种挤出的形式是修改面的连接性。在某些情况下，对选中相连的多个面一起执行"挤出"命令时，若希望得到一个互相分开并按每个面独有的法线进行移动的面，可在使用"挤出"命令后在弹出的面板内对面的连接性属性做修改，如图 4-105 和图 4-106所示。

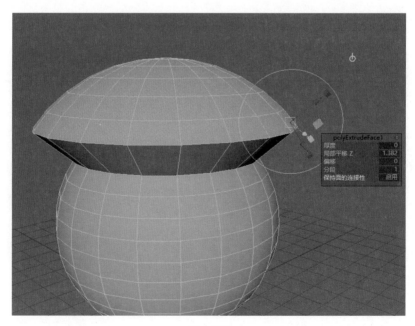

图 4-105

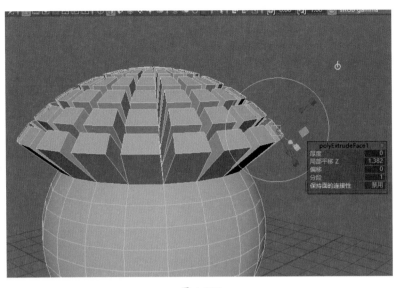

图 4-106

4.1.3　倒角命令

在现实生活中，绝大多数物体都有倒角，倒角工具便是可使面与面的公共边上产生新的倒角面的工具，如图 4-107 所示。

图 4-107

在实际操作过程中，可直接对整体模型使用"倒角"命令，如图 4-108 和图 4-109 所示。

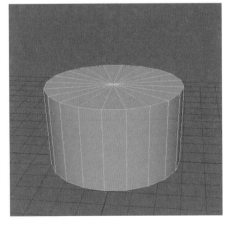

图 4-108

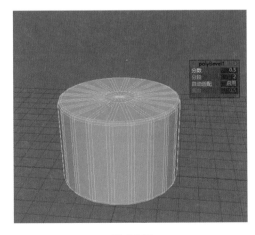

图 4-109

但大多数情况下，会选择具体需要进行倒角处理的局部来单独使用命令。如图 4-110 所示，切换至模型的边选择模式，选择边元素执行"倒角"命令，还可通过修改倒角的分数及段数来决定倒角面的平滑程度，如图 4-111 所示。

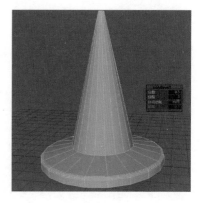

图 4-110   图 4-111

4.1.4 合并命令

合并命令可将模型上的两个或者多个点合并成一个点，如图 4-112 所示。

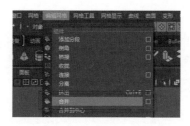

图 4-112

在实际操作过程中，选择需要进行合并的顶点，使用"合并"命令即会得到合并结果，如图 4-113 和图 4-114 所示。

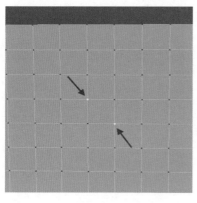
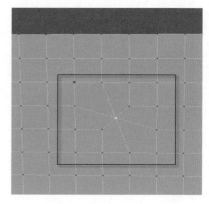

图 4-113   图 4-114

很多情况下，在对接和缝合模型体时，都会用到合并命令来将同一模型体中断开的部位连接在一起。在操作中，经常需要同时选中多个顶点来进行"合并"命令，这时即需要调整合并命令的阈值参数，如图 4-115 所示。

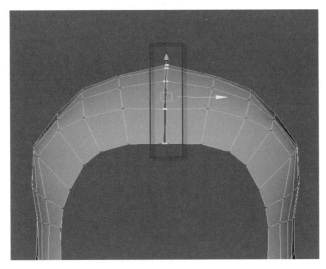

图 4-115

阈值其实指的就是合并命令的强度。多个点进行合并时，由于点和点之间的距离不同，可能会出现合并失败或者多点粘连到一点的现象，这时根据点的距离远近合理调节阈值尤为重要，如图 4-116 所示。

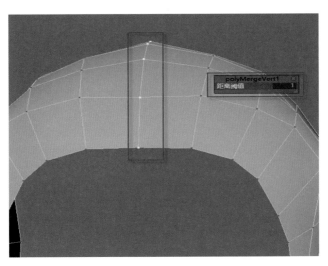

图 4-116

4.1.5　插入循环边命令

插入循环边工具用于在原有的多边形上插入一条环形边，如图 4-117 所示。

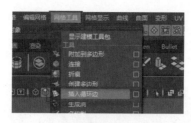

图 4-117

在实际操作过程中，选择插入循环边工具，在原有边的基础上单击，可在当前位置插入一圈环形的边。如若拖曳移动，即可滑动插入循环边的虚线，松开鼠标即确定插入，如图 4-118 所示。

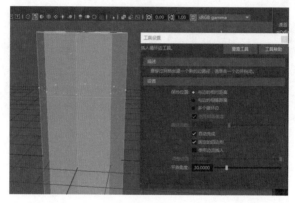

图 4-118

在命令设置面板中，可对插入边数等参数进行调节。例如，若想在某线段上等分地插入 2 段线段，可将插入位置切换为多个循环边，并将"循环边数"调整为 2，如图 4-119 所示。

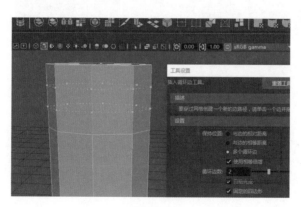

图 4-119

4.1.6 多切割命令

多切割命令可依次在多边形的边上进行单击，创造出新的线段来分割原有的多边形面，如图 4-120 所示。

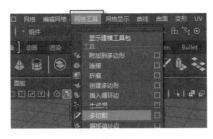

图 4-120

在操作时，最后结束的切割点必须连接到已有的线上，否则操作不成立，如图 4-121 所示。

拖曳鼠标可在创建切割点的原有边上移动切割点的位置，右击完成线段的创建，如图 4-122 所示。

图 4-121

图 4-122

在多切割工具的设置面板中，可通过修改"捕捉步长"参数来控制切割点在线段上的创建位置，例如图 4-123 中，在原有线段的中间位置和对面线段的中间位置创建一条切割线，即可将捕捉点调整为 50，按住 Shift 键后单击鼠标进行多切割的操作，切割点会自动捕捉到原有线段的中心位置。

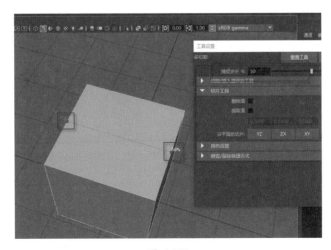

图 4-123

4.1.7 偏移循环边命令

偏移循环边工具用于以偏移的方式在原有的边两侧添加新的边，如图 4-124 所示。

图 4-124

在实际操作过程中，单击"偏移循环边"命令后，将光标移动到模型原有的某条边上，按住鼠标左键拖曳，即可在原有边的两侧添加新的边，并可顺着鼠标的拖动来控制距离，如图 4-125 所示。

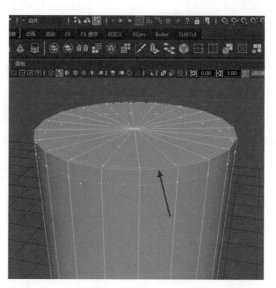

图 4-125

4.1.8 滑动边命令

滑动边命令可让选中的边在原有的水平面内进行移动而不改变模型的形状，如图 4-126 所示。

在操作中，选中需要移动的边，单击"滑动边"命令，长按鼠标滚轮进行拖曳即可，如图 4-127 和图 4-128 所示。

图 4-126

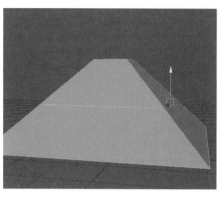

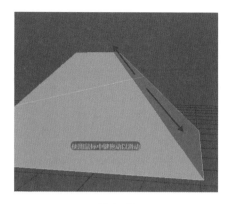

图 4-127　　　　　　　　　　　　　　　　　图 4-128

4.1.9　复制与提取

复制与提取非常相似，都是对模型的面元素进行单独性的操作。

复制会保持原有模型不变，重新复制出一个所选的面，如图 4-129 所示。

提取则是对原有模型上所选择面的一种剥离，如图 4-130 所示。两种命令的结果都会得到两个模型体。

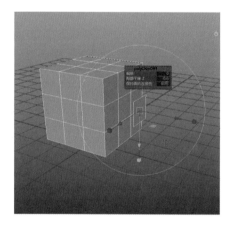

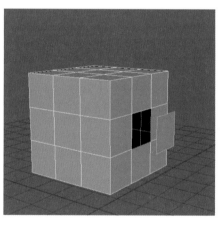

图 4-129　　　　　　　　　　　　　　　　　图 4-130

4.1.10　刺破命令

刺破命令可在选定面上自动添加对角分割线，并由此产生一个中心顶点，如图 4-131 所示。

图 4-131

在实际操作过程中，选中面后直接使用命令即可，产生的对角分割线数量由面本身的角数决定，如图 4-132 和图 4-133 所示。

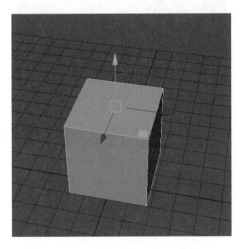

图 4-132

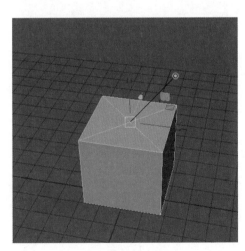

图 4-133

4.1.11　楔形命令

楔形命令可使选定面朝着指定方向进行翻转，产生一个带弧度的圆角结构，如图 4-134 所示。

图 4-134

在实际操作过程中，选择面之后还需要加选一条面周围的线段来指定面的翻转方向，如图 4-135 和图 4-136 所示。

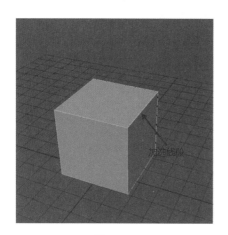

图 4-135

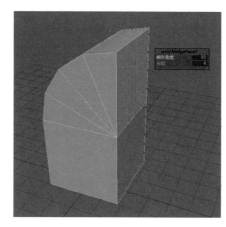

图 4-136

4.2 多边形网格显示

本节将介绍影响多边形模型显示效果的相关属性和工具。

4.2.1　一致

一致是用来统一多边形法线方向的命令，此命令可快速地将同一物体的法线进行统一，如图 4-137 所示。

图 4-137

实际操作效果如图 4-138 和图 4-139 所示。

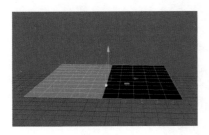

图 4-138

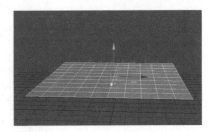

图 4-139

4.2.2　反转

在制作多边形模型过程中，有时会产生一些反向法线，使用反转命令可将法线调整过来，如图 4-140 所示。

图 4-140

在实际操作过程中，选出法线反向的面后使用"反转"命令，如图 4-141 和图 4-142 示。

4.2.3　软化边和硬化边

软化边和硬化边命令通过改变点的法线方向，软化或硬化多边形的边界，从而影响渲染结果，如图 4-143 所示。

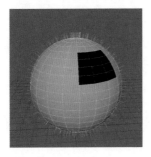

图 4-141

图 4-142

图 4-143

软化边应用效果如图 4-144 和图 4-145 所示。

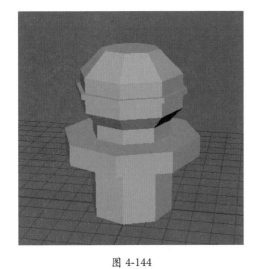

图 4-144

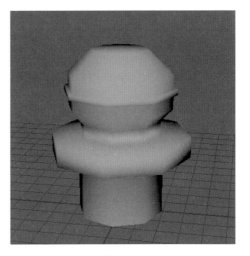

图 4-145

硬化边应用效果如图 4-146 和图 4-147 所示。

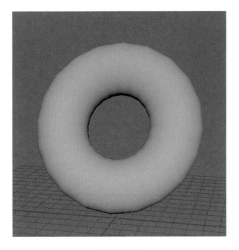

图 4-146

图 4-147

【自己练】

项目练习　制作球形机器人

项目背景

为某科幻电影制作球形机器人角色模型。

项目要求

以项目效果图为例。

项目分析

以多边形模型为基础，使用网格编辑工具修改模型，依次制作机器人的身体、眼睛、手臂部分，组合调整最终完成制作。

项目效果

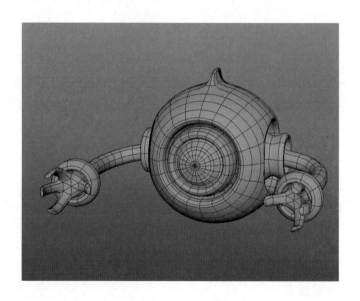

课时安排

2 课时。

第5章

NURBS 建模入门

本章概述

　　本章将介绍 Maya 的 NURBS 建模技术，包括 NURBS 曲线的基础知识、创建方式、编辑方法，还包括 NURBS 曲面一般成形的相关工具。

要点难点

　　NURBS 建模知识 ★★★

　　NURBS 曲线工具 ★★☆

　　NURBS 曲面一般成形工具 ★★☆

案例预览

制作吉祥图案

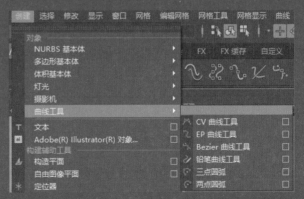

曲线的创建

【跟我学】 制作吉祥图案

🖥 作品描述

使用 NURBS 曲线工具绘制目标图案形状，并生产曲面模型。在制作的过程中，熟悉 NURBS 曲线的绘制方法，掌握绘制技巧，并能合理使用曲线的编辑工具。

🖥 实现过程

STEP 01 导入目标图案，将鼠标指针移动至顶视图内，按空格键将顶视图全屏显示。执行"视图"|"图像平面"|"导入图像"命令导入图像，如图 5-1 和图 5-2 所示。

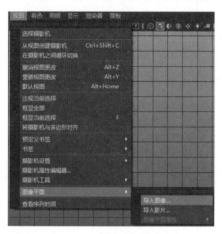

图 5-1

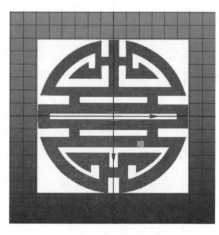

图 5-2

STEP 02 为了方便制作时观察 NURBS 物体，将导入图像的 Y 轴位置移动至负值，退至网格线的背面，并且在右侧的"通道盒"面板内修改图像的"Alpha 增益"值，提高图像透明度，如图 5-3 和图 5-4 所示。

图 5-3

图 5-4

STEP **03** 勾勒图案形状，创建圆环曲线调整至和图案边缘对应大小，如图 5-5 和图 5-6 所示。

图 5-5

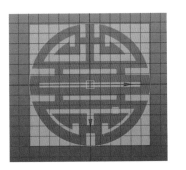

图 5-6

STEP **04** 为了让圆环曲线更加平滑，需要增加圆化的段数。在"通道盒"面板底部"输入"栏中，将"分段数"由 8 段调整为 16 段，如图 5-7 所示。

STEP **05** 执行"创建"|"曲线工具"|"EP 曲线工具"命令，在图案上方的中心位置绘制一个点，配合 Shift 键在下方放置第二个点，生成一条垂直的曲线，将图分为两半，如图 5-8 所示。

图 5-7

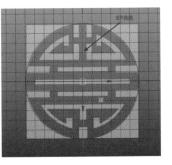

图 5-8

STEP **06** 执行"创建"|"曲线工具"|"CV 曲线工具"命令，在图案的内部开始勾勒形状。在图案中有部分区域为直线形状，可打开"CV 曲线工具"面板，调整里面的"曲线次数"为"1 线性"，方便直线的绘制，如图 5-9 和图 5-10 所示。

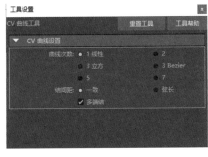

图 5-9

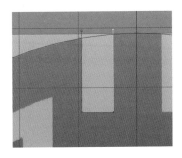

图 5-10

STEP 07 直线形状绘制完成之后，即可将工具设置的曲线次数切换回默认的"3 立方"选项。在绘制直线和弧度混合的形状时，若要制作出比较尖锐的转折，可将绘制在转折处的曲线点重复创建若干次，这样可锐化曲线的弧度，如图 5-11 所示。

STEP 08 图案一半的形状绘制完成后，选择所有的曲线，执行"编辑"|"按类型删除"|"历史"命令，如图 5-12 所示。

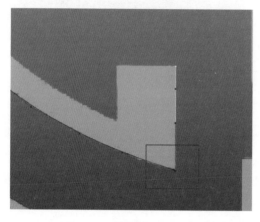

图 5-11

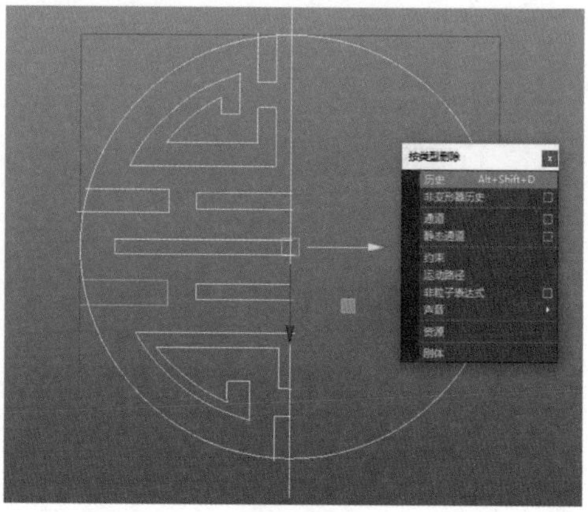

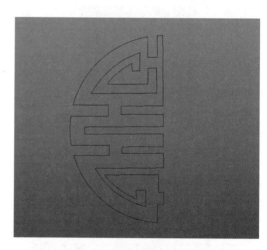

图 5-12

STEP 09 保持所有曲线选中状态，执行"曲线"|"切割"命令，并删除切割后边缘处多余的曲线，如图 5-13 和图 5-14 所示。

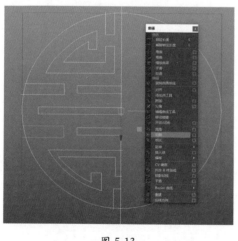

图 5-13

图 5-14

STEP 10 选择所有曲线，执行"曲面"|"平面"命令，生成平面曲面，如图 5-15 所示。

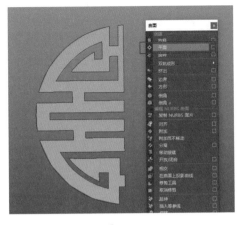

图 5-15

STEP **11** 选中生成的平面曲面，按 Ctrl+D 组合键进行复制，并调整复制对象的缩放值，如图 5-16 所示。

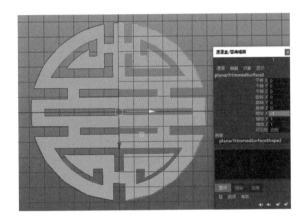

图 5-16

STEP **12** 删除 NURBS 曲线，编组曲面模型，完成吉祥图案模型制作，如图 5-17 所示。

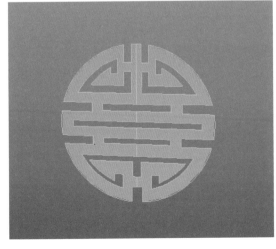

图 5-17

【听我讲】

5.1 NURBS 建模知识

NURBS 建模是一种可便捷、有效地制作高精度模型的方式。在深入学习之前，理解 NURBS 模型的构成元素是非常重要的。

5.1.1 NURBS 概述

NURBS 是用函数来描述曲线和曲面，并通过参数来控制精度，这种方法可让 NURBS 对象达到任何想要的精度，这就是 NURBS 建模的最大优势。

5.1.2 NURBS 建模方式

NURBS 建模方式大致可分为两类。

第 1 类：用原始的 NURBS 几何体进行变形来得到想要的造型，这种方法灵活多变，对美术功底要求比较高。

第 2 类：通过由点到线，再由线到面的方法来塑造模型，通过这种方法创建出来的模型精度比较高，很适用于工业领域的模型。

5.1.3 NURBS 模型的构成

NURBS 模型的基本构成元素有点、曲线和曲面，通过这些基本元素可构成复杂的高品质模型。

5.1.4 NURBS 曲线中的元素

NURBS 曲线中的相关元素都可进行修改来对曲线进行变形，如图 5-18 所示。

1．CV 控制点

CV 控制点是壳线的交接点。通过对 CV 控制点的调节，可在保持曲线平滑的前提下对曲线进行调整，很容易达到想要的造型而不破坏曲线的连续性。

2．EP 编辑点

EP 编辑点是曲线上的结构点，每个 EP 编辑点都在曲线上，也就是说曲线都必须经过 EP 编辑点。

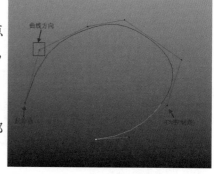

图 5-18

3．壳线

壳线是 CV 控制点的边界线。

4．段

段是 EP 编辑点之间的部分，可通过改变段数来改变 EP 编辑点的数量。

5.1.5 NURBS 曲面的控制元素

NURBS 曲面的基本元素和曲线大致类似，都可通过很少的基本元素来控制一个平滑的曲面，如图 5-19 所示。

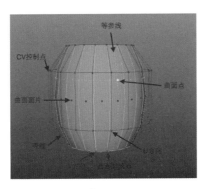

图 5-19

1．曲面起始点

曲面起始点是指 U 方向和 V 方向上的起始点。U 方向和 V 方向是两个分别用字母 U 与 V 来表示的控制点，它们与起始点一起决定了曲面的 UV 方向，这对后面的贴图制作非常重要。

2．CV 控制点

CV 控制点和曲线的 CV 控制点作用类似，都是壳线的交叉点，可方便地控制曲面的平滑程度，在大多数情况下都是通过 CV 控制点来对曲面进行调整。

3．壳线

壳线是 CV 控制点的连线，可通过选择壳线来选择一组 CV 控制点，然后对曲面进行调整。

4．曲面面片

NURBS 曲面上的等参线将曲面分割成无数的面片，每个面片都是曲面面片。可将曲面上的曲面面片复制出来加以利用。

5．等参线

等参线是 U 方向和 V 方向上的网格线，用来决定曲面精度和标记作用。

6．曲面点

曲面点是指曲面上等参线的交点。

5.2 NURBS 曲线工具

在 Maya 中，所有的曲线都属于 NURBS 物体，制作模型时可通过曲线来生成曲面，也可从曲面中提取曲线。

5.2.1 曲线的创建

执行"创建"|"曲线工具"命令，可看到 6 种曲线的创建工具。不管用何种方法创建，创建出来的曲线都是由控制点、编辑点和壳线等基本元素组成，如图 5-20 所示。

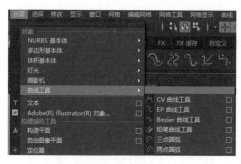

图 5-20

这里列举一些代表性的曲线创建工具。

1．创建 CV 曲线

CV 曲线工具是通过创建控制点来绘制曲线的，通过对控制点的调节，在保持曲线良好平滑的前提下对曲线进行调整，不会破坏曲线的连续性。

单击 CV 曲线工具，在场景内创建控制点，在创建过程中，控制点的数量、距离、位置都会影响生成曲线的形状，如图 5-21 所示。

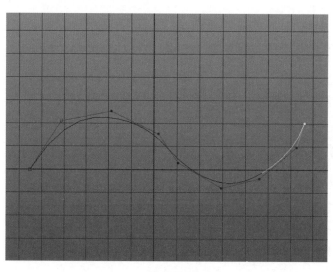

图 5-21

在实际操作过程中，当一个控制点创建之后，可长按鼠标左键来拖动控制点的位置。也可在创建控制点结束后，长按鼠标滚轮来修改控制点位置。当曲线绘制完成后，按 Enter 键来生成绘制的曲线。

如若想要绘制直线，可打开 "CV 曲线工具" 设置面板，调整 "曲线次数" 为 "1 线性"，如图 5-22 和图 5-23 所示。

图 5-22

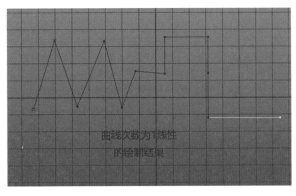

图 5-23

在绘制过程中，按住键盘上的 Shift 键，可绘制出水平或垂直角度的线段。

2．创建 EP 曲线

EP 曲线工具也是绘制曲线常用的工具，其特点是可精确地控制曲线所经过的位置。

EP 曲线工具的参数设置和绘制方式与 CV 曲线类似，如图 5-24 所示。只不过 EP 曲线是通过绘制编辑点的方式来绘制曲线，会在创建的多个编辑点上生成线段，如图 5-25 所示。

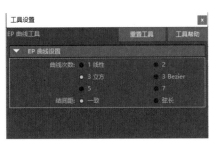

图 5-24

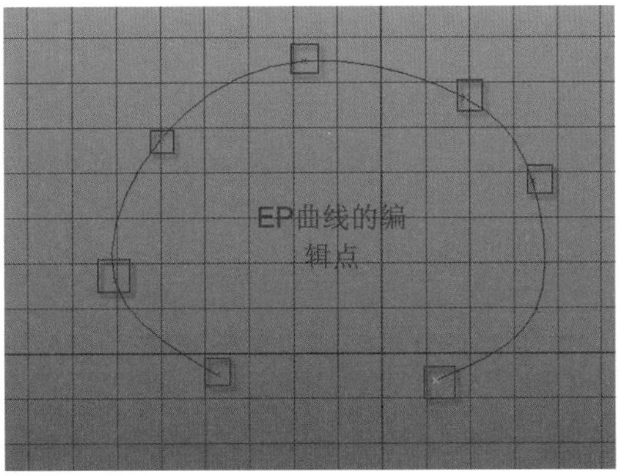

图 5-25

3．创建三点圆弧曲线

三点圆弧工具可用来创建圆弧形的曲线。在绘制过程中，通过创建 3 个圆弧点来生成一段弧形曲线。绘制完成后，也可滑动鼠标滚轮再次对圆弧进行修改，如图 5-26 所示。

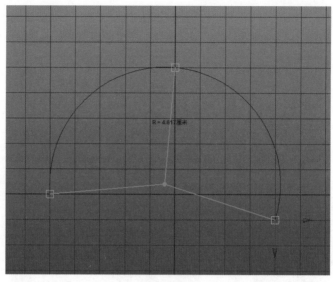

图 5-26

4．创建圆环曲线和方形曲线

在"曲线／曲面"工具架上，不仅可找到相关曲线的创建快捷图标，还会发现有两条曲线的预设形状，分别是圆环和方形，如图 5-27 所示。

图 5-27

直接单击图标，在场景内拖曳鼠标，可创建预设曲线。值得注意的是，方形曲线并不是一条循环封闭的曲线，它只是由 4 条直线组成的一个形状组合，如图 5-28 所示。

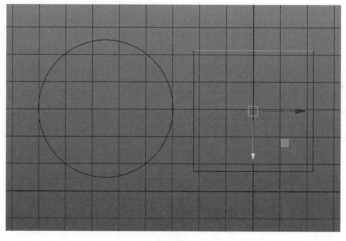

图 5-28

5.2.2 NURBS 曲线的修改及编辑

通常来讲，对曲线进行简单的形状调整时，可直接选择曲线后长按右键，进入曲线的编辑点或控制点模式，通过调整点的位置修改曲线形状，如图 5-29 和图 5-30 所示。

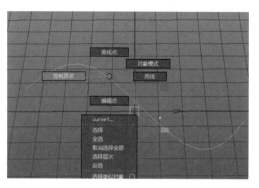

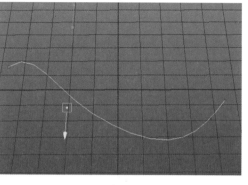

图 5-29   图 5-30

在 Maya 2016 版中，"曲线"菜单下添加了一些快速修改曲线形状的工具，如图 5-31 所示。

在进行一些复杂的曲线编辑操作时，便需要使用"曲线"菜单下相关的编辑工具，如图 5-32 所示。这里对部分常用命令做出介绍。

图 5-31   图 5-32

1．复制曲面曲线

通过复制曲面曲线工具，可将 NURBS 曲面上的等参线、剪切边和 NURBS 曲面上的曲线复制出来。

在实际操作过程中，对 NURBS 模型长按右键，进入 NURBS 曲面模型的参考线模式，选择模型上的曲线，执行"复制曲面曲线"命令即可，如图 5-33 ～ 图 5-35 所示。

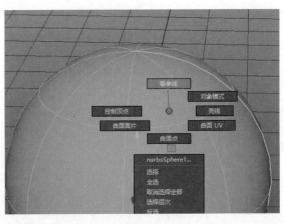

CHAPTER 01

图 5-33

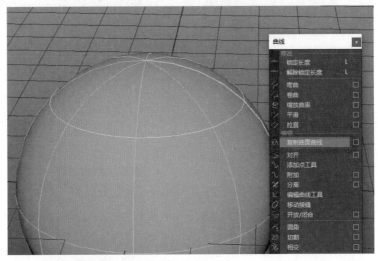

图 5-34

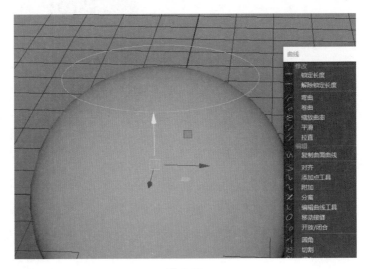

图 5-35

2．附加

使用附加曲线命令，可将断开的两条曲线进行合并，连接为一条曲线。在使用工具时，需对工具的设置有一定的了解，如图 5-36 所示。

附加方法会直接影响曲线连接的平滑程度，"连接"选项只进行曲线的连接，不会对曲线的连接进行平滑处理，所以会产生尖锐的角；"混合"选项可使两条曲线的附加点以平滑的方式过渡，并且可调整平滑度，如图 5-37 所示。

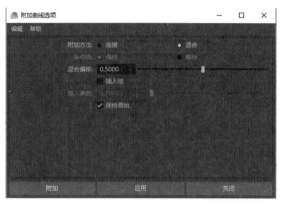

图 5-36

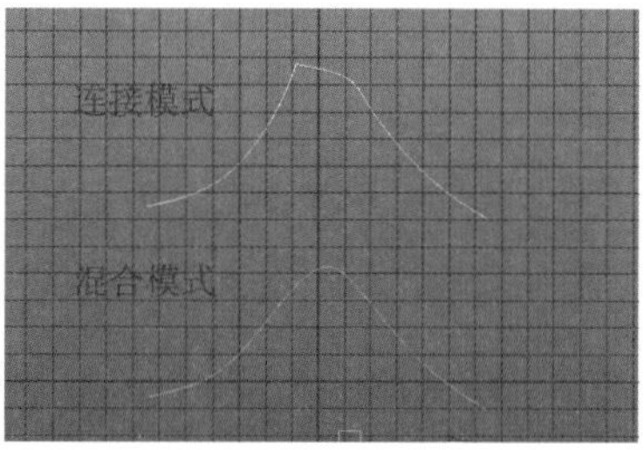

图 5-37

开启"保持原始"选项时，合并后将保留原始曲线；关闭该选项时，合并后将删除原始曲线，如图 5-38 所示。

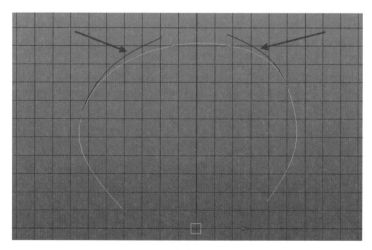

图 5-38

3．分离

使用分离曲线工具，可将一条 NURBS 曲线从指定的点分离出来，也可将一条封闭的 NURBS 曲线分离成开放的曲线。

在实际操作过程中，需要先进入曲线的点模式，在曲线上设置一个或多个曲线点来标记分离的位置，再使用分离工具即可，如图 5-39 和图 5-40 所示。

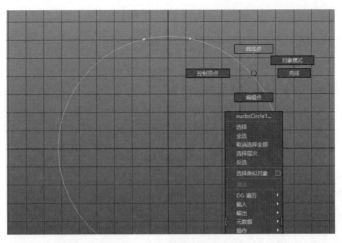

图 5-39

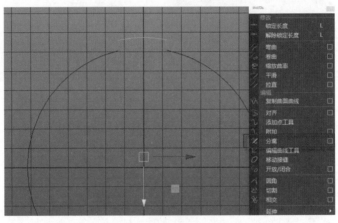

图 5-40

4. 对齐

对齐曲线工具可对齐两条曲线的最近点, 也可按曲线上的指定点对齐, 如图 5-41 所示。

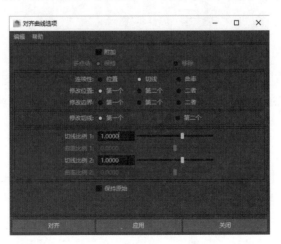

图 5-41

参数介绍如下。

- 附加：将对接后的两条曲线连接为一条曲线。
- 多点结：用来选择是否保留附加处的结构点。
- 连续性：决定对接的连接处的连续性。
- 修改位置：用来决定移动哪条曲线来完成对齐操作。
- 修改边界：以改变曲线外形的方式来完成对齐操作。
- 修改切线：使用"切线"或"曲率"对齐曲线时，该选项决定改变哪条曲线的切线方向或曲率来完成对齐操作。
- 切线比例：用来缩放第一个或第二个选择曲线的切线方向的变化大小，在使用命令后可在"通道盒"中修改参数。
- 保持原始：选中该选项后，会保留原始的两条曲线。

5．添加点工具

添加点工具主要用于让已经创建好的曲线点再进入绘制模式，如图 5-42 所示。

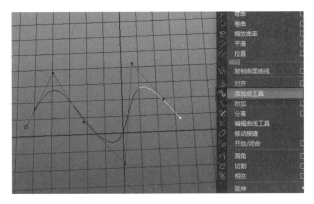

图 5-42

6．开放／闭合

使用开放／闭合曲线工具，可将开放的曲线变成封闭的曲线，或将封闭的曲线变成开放的曲线，如图 5-43 和图 5-44 所示。

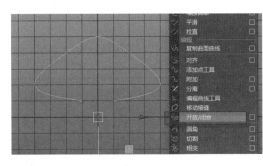

图 5-43

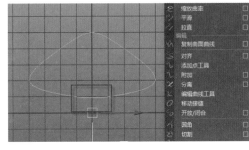

图 5-44

7．相交

使用相交曲线工具，可在多条曲线的交叉点处产生定位点，这样可很方便地对定位点进行捕捉、对齐等操作，如图 5-45 所示。

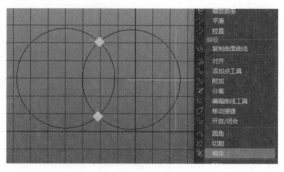

图 5-45

8．圆角

使用圆角曲线工具，可让两条相交曲线或两条分离曲线之间产生平滑的过渡曲线，如图 5-46 和图 5-47 所示。

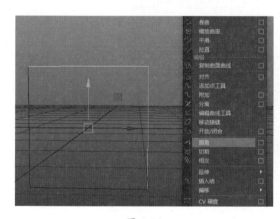

图 5-46

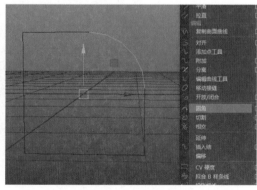

图 5-47

在工具设置面板中，可选择"修剪"选项来删除倒角后原始曲线的多余部分，也可选择"接合"来将修剪后的曲线合并成一条完整的曲线，还可修改"半径"值来调整倒角的度数，如图 5-48 所示。

9．重建

使用重建曲线工具，可修改曲线的一些属性，如结构点的数量和次数等，如图 5-49 所示。

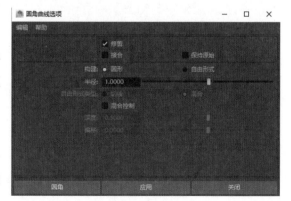

图 5-48

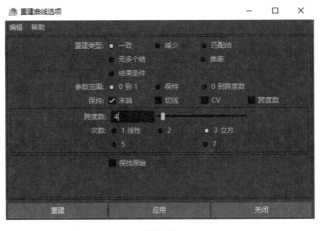

图 5-49

10. 反转方向

使用反转方向曲线工具，可反转曲线的起始方向，如图 5-50 和图 5-51 所示。

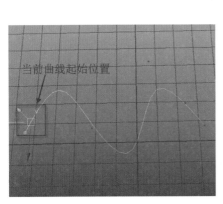

图 5-50

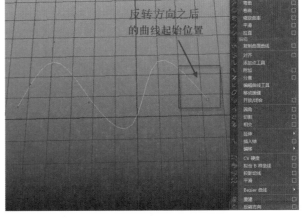

图 5-51

5.3 NURBS 曲面一般成形工具

NURBS 曲面的一般成形命令即指在 Maya 提供的曲面成形命令中，命令相对简单、容易理解和操作的相关命令。

在"曲面"菜单下包含 9 个创建 NURBS 曲面的命令，其都是通过绘制好的曲线进行生成曲面的命令。在此，主要介绍"曲面"菜单下较基础的 4 种通过曲线生成曲面的工具，如图 5-52 所示。

图 5-52

5.3.1 放样

使用"放样"命令，可使用多条轮廓线生成一个曲面。

在实际操作过程中，对多条曲线进行放样时，按曲线创建顺序依次加选，并使用"放样"命令即可，如图 5-53 和图 5-54 所示。

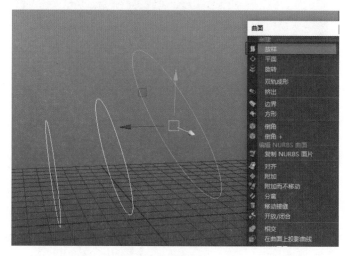

图 5-53

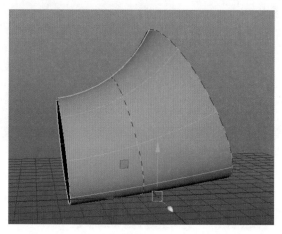

图 5-54

5.3.2 平面

使用"平面"命令，可将封闭的曲线、路径和剪切边等生成一个平面，并且这些曲线、路径和剪切边都必须位于同一水平面内。

实际操作如图 5-55 所示。

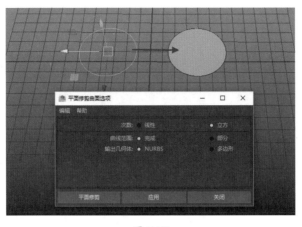

图 5-55

5.3.3　旋转

使用"旋转"命令，可将一条 NURBS 曲线的轮廓线生成一个曲面，并且可随意控制旋转角度，如图 5-56 和图 5-57 所示。

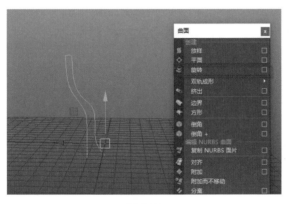

图 5-56

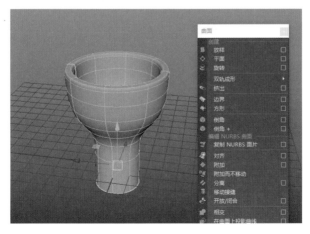

图 5-57

打开工具设置面板，可对旋转的轴向及曲面的段数等参数做相关调整，如图 5-58 所示。

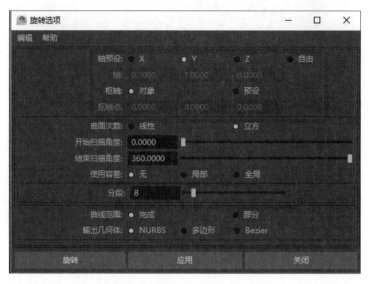

图 5-58

通常在使用旋转创建曲面之后，可在"通道盒"面板中找到旋转命令，对旋转的角度进行后期的调整，如图 5-59 所示。

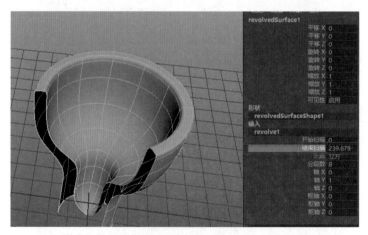

图 5-59

5.3.4 挤出

使用"挤出"命令，可将一条任何类型的轮廓曲线沿着另一条曲线的大小生成曲面。

在实际操作过程中，创建一条轮廓线及路径线，依次加选后使用挤出命令即可，如图 5-60 和图 5-61 所示。

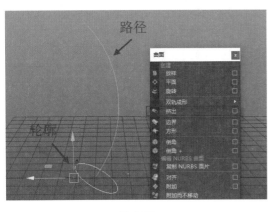

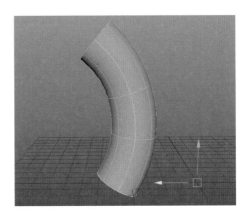

图 5-60　　　　　　　　　　　　　　　　　图 5-61

　　观察工具设置面板，不同的样式、结果位置、枢轴及方向的设置，会带来不同结果的曲面模型，如图 5-62 和图 5-63 所示。

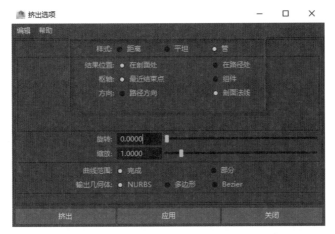

图 5-62

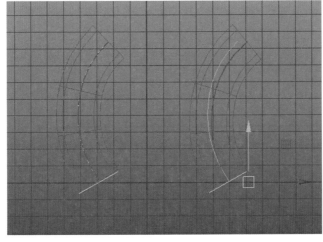

图 5-63

【自己练】

项目练习　制作仿古酒壶

📺 项目背景

某酒厂拟推出一款仿古酒壶产品，现委托我公司制作酒壶的三维效果图。

📺 项目要求

按图样为例，制作酒壶的 3D 模型。

📺 项目分析

使用 NURBS 建模方式，按酒壶形状绘制曲线，并依据酒壶的不同部位合理利用多种曲面成形命令生成曲面模型，调整曲面构成元素，修改面片形状，最终完成作品。

📺 项目效果

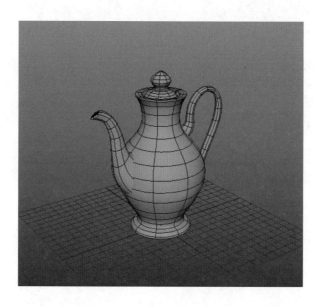

📺 课时安排

2 课时。

第6章

优化 NURBS 建模

本章概述

NURBS 是一种非常优秀的建模方式，在高级三维软件中都支持这种建模方式。本章将结合前面所学的内容，对 NURBS 建模的一些高级工具和技巧进行讲解。

要点难点

NURBS 曲面特殊成形工具 ★★★

优化曲面工具 ★★☆

案例预览

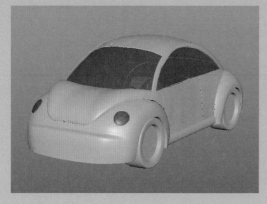

制作甲壳虫汽车

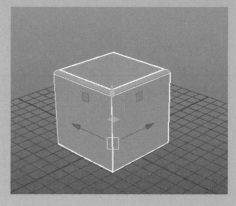

圆化工具

【跟我学】 制作甲壳虫汽车

🖥 作品描述

使用 NURBS 建模工具制作甲壳虫汽车模型。在制作的过程中，熟悉 NURBS 建模方法，掌握所有 NURBS 曲面的生成及编辑命令，在今后的学习及制作中可融会贯通。

🖥 实现过程

1. 制作场景内的参考图片

下面将介绍关于场景内的布局准备工作。

STEP 01 在场景内创建 4 个 NURBS 面片，根据提供的参考图调整至合适大小，并分别将 NURBS 面片移动至透视图网格线外，如图 6-1 所示。

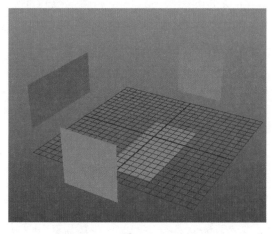

图 6-1

STEP 02 执行"窗口"|"渲染编辑器"| Hypershade 命令，打开超级着色器面板，创建表面着色材质，如图 6-2 和图 6-3 所示。

图 6-2

图 6-3

STEP 03 单击表面着色材质 Out Color 属性右边的按钮，添加"文件"纹理。在"文件"纹理的"图像名称"属性上连接参考图片，如图 6-4 和图 6-5 所示。

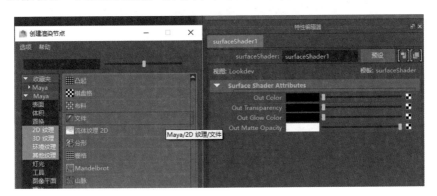

图 6-4

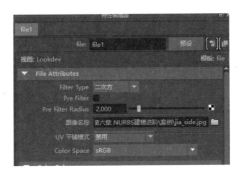

图 6-5

STEP 04 选中侧面的 NURBS 面片，将指针放置在表面着色材质的上方，长按鼠标右键，将材质赋予物体，按数字键 6 打开贴图显示，方便观察，如图 6-6 所示。

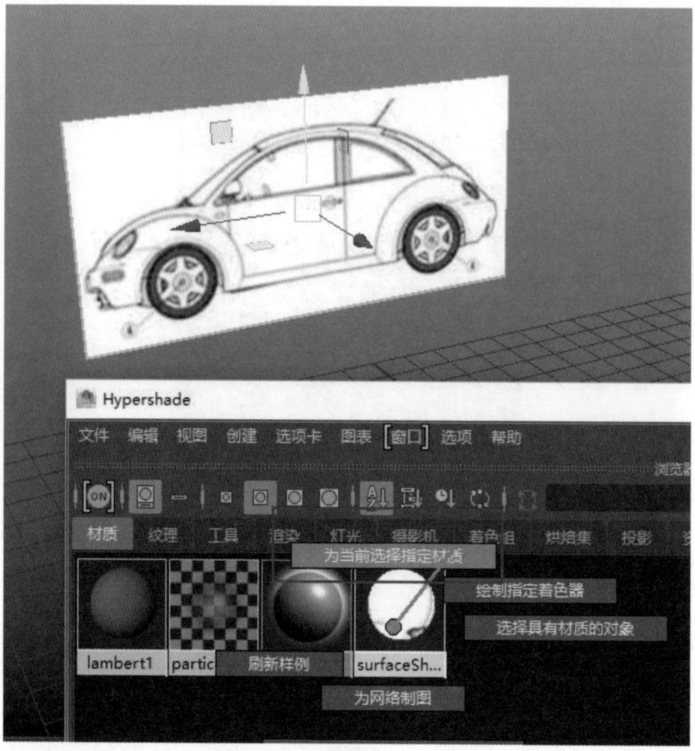

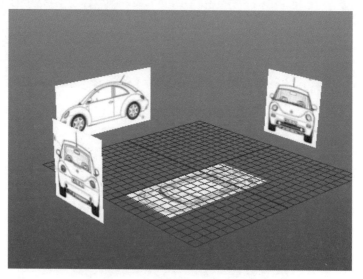

图 6-6

STEP 05 用上述方法将另外 3 个视角的 NURBS 面片也赋予对应方向的参考图，如图 6-7 所示。

图 6-7

STEP 06 为了方便在正交视图内观察，选择前后两个NURBS面片，打开"属性编辑器"，关闭"渲染统计信息"栏里的"双面"选项，必要时可打开"反向"选项，如图 6-8 所示。

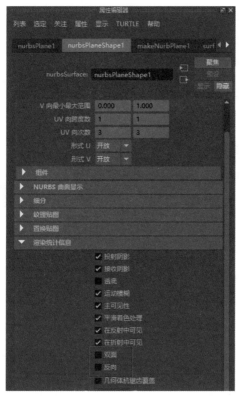

图 6-8

STEP 07 车头部分的制作。执行"创建"|"曲线工具"|"CV 曲线工具"命令，在侧视图内按照参考图的轮廓绘制线段形状，如图 6-9 所示。

图 6-9

STEP 08 切换至前视图，将曲线移动至汽车侧面对应部位，进入曲线的控制点模式，修改曲线在前段部分的走势，如图 6-10 和图 6-11 所示。

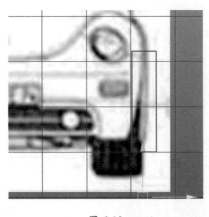

图 6-10

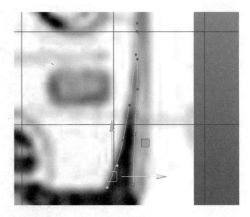

图 6-11

STEP 09 选择 CV 曲线工具，按 C 键，打开捕捉曲线工具，让创建的曲线起始点位置和第一条曲线尾端重叠，并切换至顶视图绘制车前部轮廓，将结尾的曲线点捕捉到网格的中线上，如图 6-12 和图 6-13 所示。

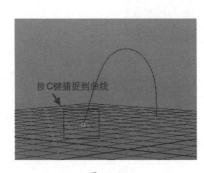

图 6-12

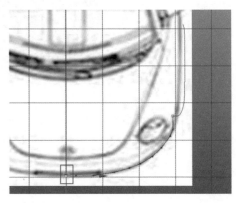

图 6-13

STEP 10 使用同样方式，在前视图内再绘制一条后部的曲线，如图 6-14 和图 6-15 所示。

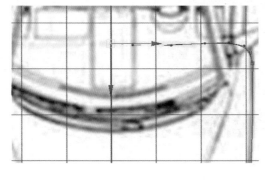

图 6-14

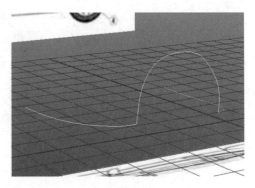

图 6-15

STEP 11 复制当前做好的线段至对称位置，如图 6-16 所示。

STEP 12 执行"曲线"|"附加"命令，分别合并下方前后的 4 段曲线，注意打开"附加曲线选项"面板，关闭"保留原始"选项，如图 6-17 所示。

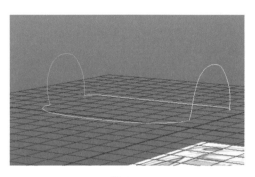

图 6-16

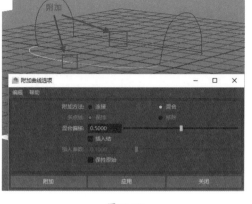

图 6-17

STEP 13 执行"曲面"|"双轨成形"|"双轨成形 2 工具"命令，分别选择下方的两条轮廓线再加选两条路径线生产曲面，如图 6-18 和图 6-19 所示。

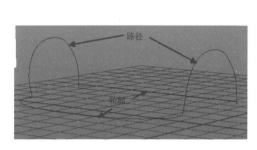

图 6-18

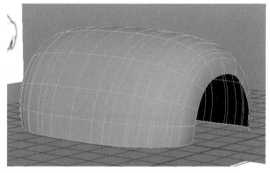

图 6-19

STEP 14 选择产生的曲面模型，执行"曲面"|"重建"命令，均分曲面的线段，参数如图 6-20 所示。

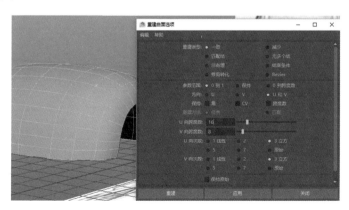

图 6-20

STEP 15 切换至侧视图，执行"着色"|"X 射线显示"命令，如图 6-21 所示。

图 6-21

STEP 16 对应汽车参考图前部结构，插入相应数量的等参线，执行"曲面"|"插入等参线"命令，如图 6-22 和图 6-23 所示。

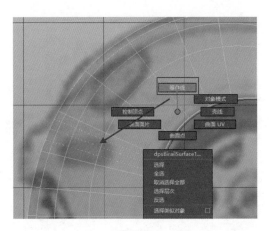

图 6-22

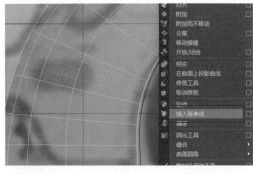

图 6-23

STEP 17 根据参考图结构调整控制点，修改曲面形状，如图 6-24 和图 6-25 所示。

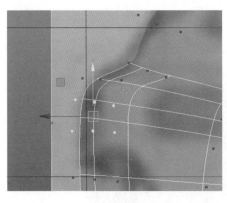

图 6-24

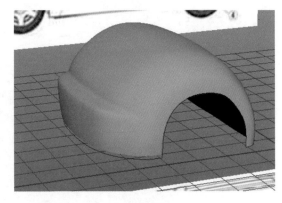

图 6-25

STEP 18 切换至顶视图，使用 CV 曲线工具绘制前引擎盖的形状，如图 6-26 所示。

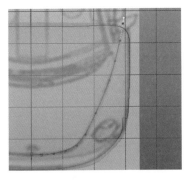

图 6-26

STEP 19 按 Ctrl+D 组合键复制曲线，调整得到镜像结果，执行"曲线"|"附加"命令并对合并的曲线复制，移动至上方位置，如图 6-27 所示。

STEP 20 选择两条曲线，执行"曲面"|"放样"命令，生成曲面，如图 6-28 所示。

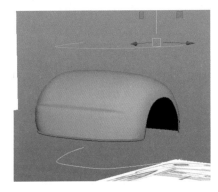

图 6-27

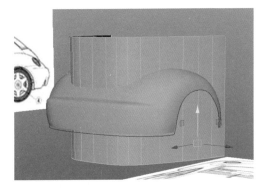

图 6-28

STEP 21 选择两块曲面，执行"曲面"|"相交"命令，如图 6-29 所示。

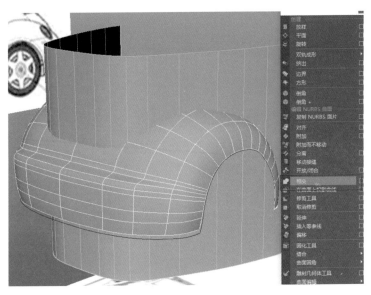

图 6-29

STEP 22 此时在两个曲面之间就多了一条曲线，可利用其来调整出前引擎的结构。切换至侧视图，进入曲面的控制点模式，调整控制点，如图 6-30 所示。

STEP 23 选中两个曲面，执行"曲面"|"曲面圆角"|"圆形圆角"命令，设置如图 6-31 所示。

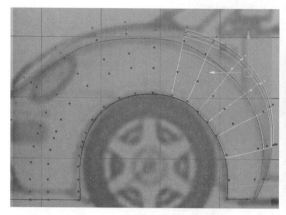 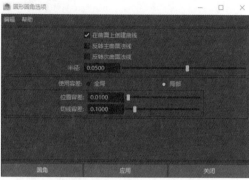

图 6-30   图 6-31

STEP 24 在右侧面板内修改圆形圆角命令的"主半径"数值为 –0.05，如图 6-32 所示。

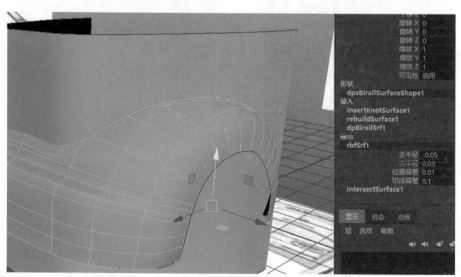

图 6-32

STEP 25 执行"曲面"|"修剪工具"命令，对车头部位做出修剪。用修剪工具单击车头部分，按 Enter 键确认，并且删除用来制作引擎盖结构的曲面，如图 6-33 所示。

STEP 26 修改圆形圆角的壳线，增加向下的厚度，如图 6-34 所示。

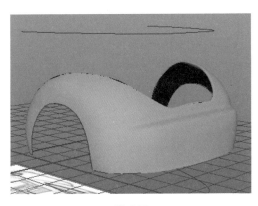

图 6-33

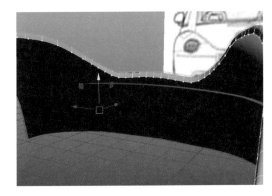

图 6-34

STEP 27 选择圆形圆角上的等参线，执行"曲线"|"复制曲面曲线"命令，如图 6-35 所示。

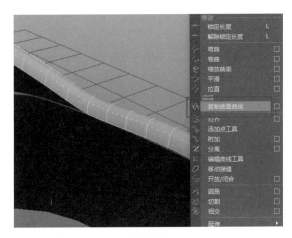

图 6-35

2. 制作引擎盖部分

下面将详细介绍利用 CV 曲线制作引擎盖部分的步骤。

STEP 01 进入侧视图，对应引擎盖结构，删除后部多余的曲线，并调整曲线形状，如图 6-36 和图 6-37 所示。

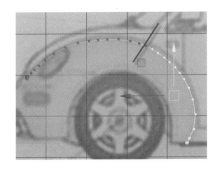

图 6-36

图 6-37

STEP 02 切换至顶视图，绘制曲线，并复制合并另一段，将曲线移动至上方对应位置，如图 6-38 和图 6-39 所示。

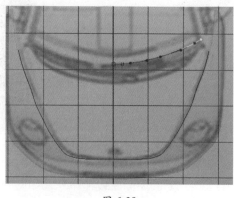 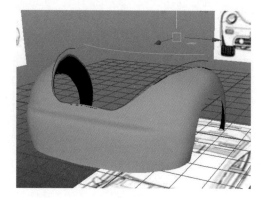

图 6-38   图 6-39

STEP 03 继续使用 CV 曲线工具绘制剩余结构，如图 6-40 和图 6-41 所示。

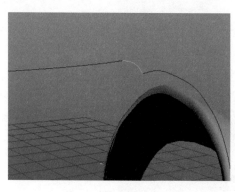 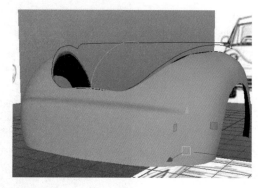

图 6-40   图 6-41

STEP 04 执行"曲面"|"双轨成形"|"双轨成形 3+"命令，依次选择 3 条轮廓线，按 Enter 键再加选 2 条路径线，生成曲面，如图 6-42 所示。

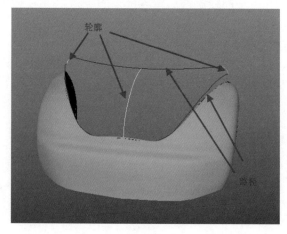

图 6-42

STEP 05 执行"曲面"|"重建"命令，重建生成的曲面，如图 6-43 所示。

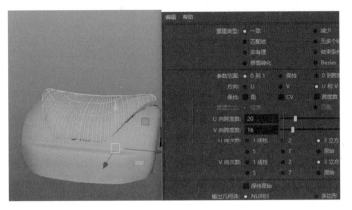

图 6-43

STEP 06 执行"曲面"|"插入等参线"命令，在曲面上插入等参线，如图 6-44 所示。

STEP 07 调整边缘壳线，效果如图 6-45 和图 6-46 所示。

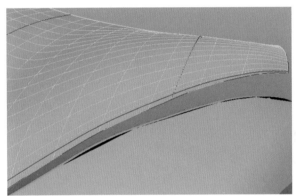

图 6-44

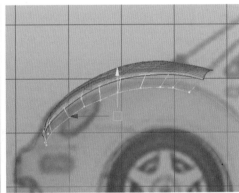

图 6-45

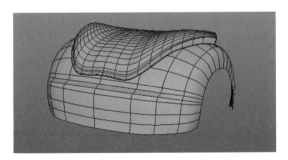

图 6-46

3．制作侧面车门

下面将对侧面车门的制作过程进行详细介绍。

STEP 01 切换至侧视图，使用 CV 曲线工具，按照参考图绘制 4 条曲线，在绘制的过程中注意多视图的观察和调整，如图 6-47 和图 6-48 所示。

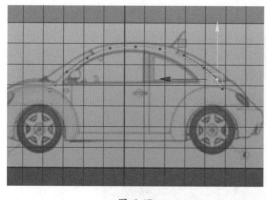

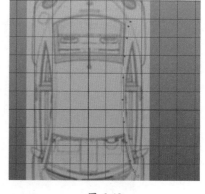

图 6-47　　　　　　　　　　　　　　　　图 6-48

STEP 02 选择绘制好的 4 条曲线，执行"曲面"|"边界"命令，如图 6-49 和图 6-50 所示。

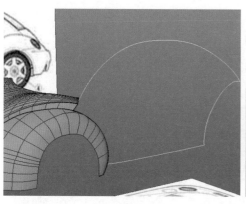

图 6-49　　　　　　　　　　　　　　　　图 6-50

STEP 03 在生成的曲面模型边缘插入等参线，并修改壳线做出向内的厚度，如图 6-51 所示。

STEP 04 使用 CV 曲线工具绘制侧面的窗户部分，并将绘制好的曲线复制，执行"曲面"|"放样"命令，如图 6-52～图 6-54 所示。

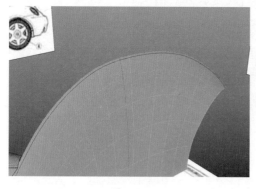

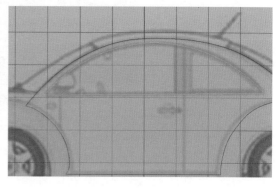

图 6-51　　　　　　　　　　　　　　　　图 6-52

CHAPTER 06

CHAPTER 07

CHAPTER 08

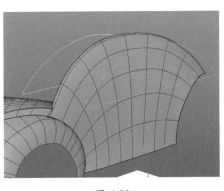
图 6-53

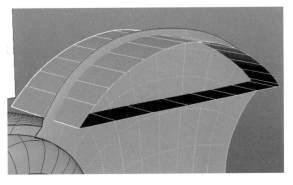
图 6-54

STEP 05 加选侧面车身的曲面，执行"曲面"|"相交"命令。保持两个曲面的选择状态，执行"曲面"|"圆角"|"圆形圆角"命令，并对圆角参数做出相应的调整，如图 6-55 和图 6-56 所示。

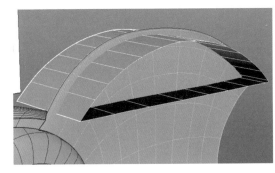
图 6-55

图 6-56

STEP 06 执行"曲面"|"修剪工具"命令，修剪侧面窗户的结构，并删除放样曲面，如图 6-57 所示。

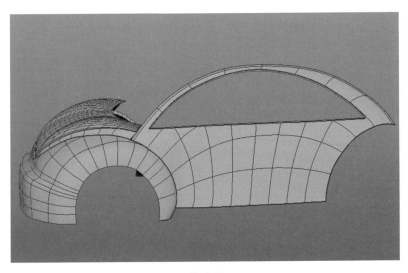
图 6-57

STEP 07 在车门的位置分别创建 4 条曲线并放样成曲面，来制作侧面车身门的缝隙，如图 6-58 所示。

STEP 08 选中放样曲面和车门曲面，分别制作 2 次曲面圆角，如图 6-59 所示。

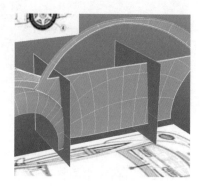

图 6-58

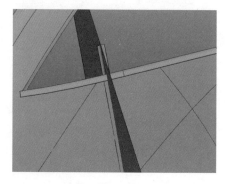

图 6-59

STEP 09 执行"曲面"|"修剪"命令保留车身结构，并删除放样曲面，如图 6-60 所示。

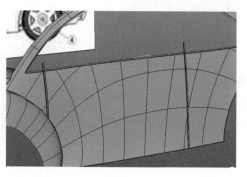

图 6-60

STEP 10 为门框多余部分的曲面添加等参线并执行"曲面"|"分离"命令，分离多余部位并删除，如图 6-61 ～图 6-63 所示。

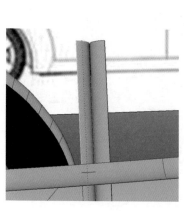

图 6-61

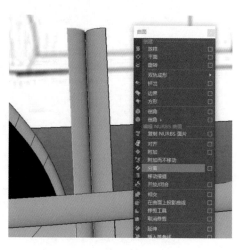

图 6-62

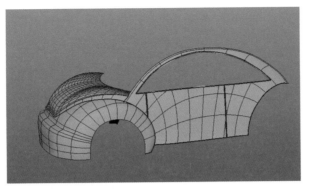

图 6-63

4.制作汽车尾部

下面将对制作汽车尾部的过程进行详细的介绍。

STEP 01 汽车尾部的制作方法和头部一样，按照参考图形状勾勒曲线，并使用双轨成形工具生成曲面，如图 6-64 和图 6-65 所示。

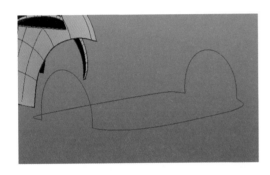

图 6-64

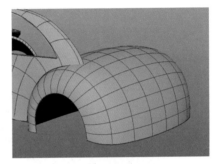

图 6-65

STEP 02 插入等参线，调整尾部结构，如图 6-66 所示。

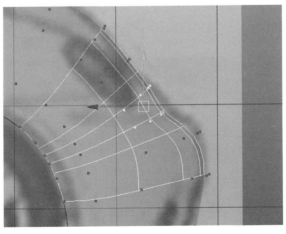

图 6-66

STEP 03 切换至顶视图，使用 CV 曲线工具绘制尾部后盖结构，如图 6-67 所示。

STEP 04 复制曲线，放样成面，加选尾部曲面后执行"曲面"|"相交"命令，并执行"曲面"|"圆角"命令，然后删除放样曲面，如图 6-68 所示。

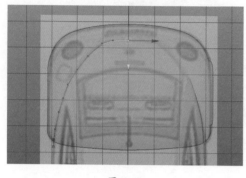

图 6-67

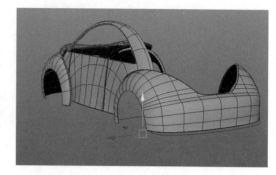

图 6-68

5．制作后备厢部分

下面将对制作后备厢部分的过程进行详细的介绍。

STEP 01 复制倒角曲面上的曲线，保留局部来制作后备厢的边缘，如图 6-69 ~ 图 6-71 所示。

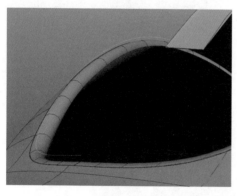

图 6-69

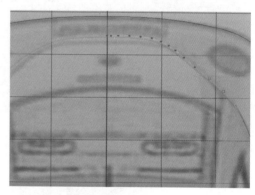

图 6-70

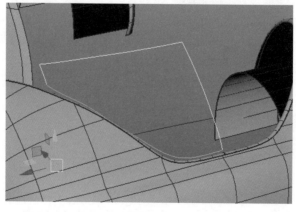

图 6-71

STEP 02 选中 4 条曲线，执行"曲面"|"边界"命令，生成曲面后，再执行重建曲面命令优化曲面线段，如图 6-72 所示。

STEP 03 在曲面边缘插入等参线，修改壳线形状，拉伸出边缘的延伸厚度，复制对称部位，如图 6-73 所示。

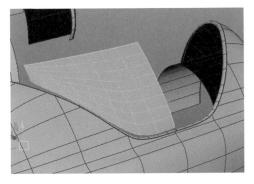
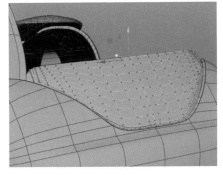

图 6-72　　　　　　　　　　　　　　　　　　图 6-73

STEP 04 用同样的方式制作汽车顶部和玻璃，如图 6-74 ~ 图 6-79 所示。

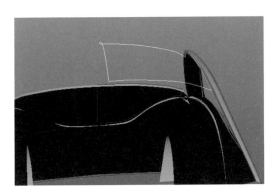
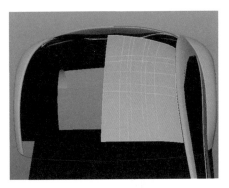

图 6-74　　　　　　　　　　　　　　　　　　图 6-75

图 6-76

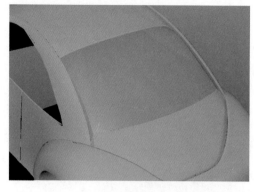

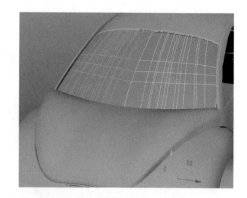

图 6-77   图 6-78

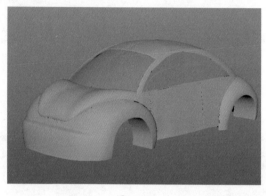

图 6-79

STEP 05 制作前车灯，在前视图内根据参考图创建圆环曲线，并调整控制点位置，如图 6-80 所示。

STEP 06 选择调整好的圆环曲线，加选车头曲面，执行"曲面"|"在曲面上投影曲线"命令，如图 6-81 所示。

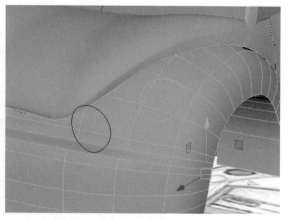

图 6-80   图 6-81

STEP 07 执行"曲面"|"修剪工具"命令，去掉灯区域的曲面，如图 6-82 所示。

STEP 08 切换至等参线，选择前部曲面中线，执行"曲面"|"分离"命令，并删除分离出来的曲面，如图 6-83 和图 6-84 所示。

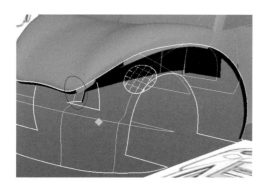

图 6-82

图 6-83

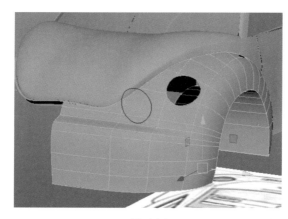

图 6-84

STEP 09 在修剪后的曲面空心边缘，切换进去剪切边选择状态，选中剪切边，执行"曲线"|"复制曲面上的曲线"命令，得到一条曲线，向下移动调整位置，加选剪切边，执行"曲面"|"放样"命令，如图 6-85 和图 6-86 所示。

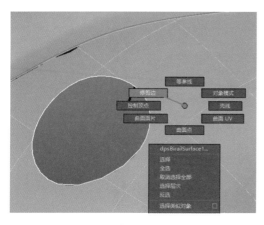

图 6-85

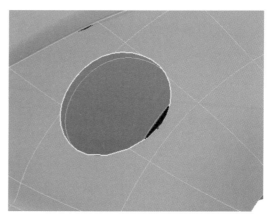

图 6-86

STEP ⑩ 执行"曲面"|"圆化工具"命令，在转折处设置圆化倒角，并调整大小，如图6-87和图6-88所示。

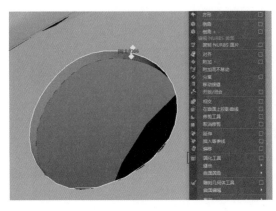
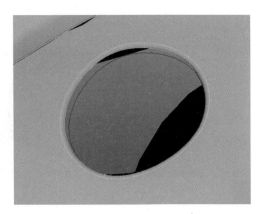

图 6-87　　　　　　　　　　　　　　　图 6-88

STEP ⑪ 选中倒角面的等参线，执行"曲线"|"复制曲面上的曲线"命令，复制出一条曲线，然后依次向上复制并调整大小，如图6-89所示。

STEP ⑫ 放样曲线，得到灯的曲面模型，调整控制点，如图6-90所示。

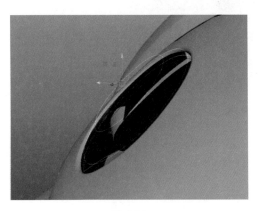
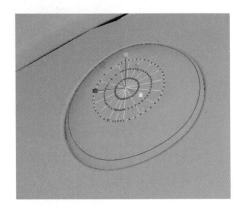

图 6-89　　　　　　　　　　　　　　　图 6-90

STEP ⑬ 将一半的汽车前面编组并复制，如图6-91所示。

图 6-91

STEP **14** 制作汽车轮胎，在侧视图内创建一个多边形圆柱，并调整大小及位置，使用 CV 曲线工具命令，在圆柱外侧绘制轮胎形状，如图 6-92 ～图 6-94 所示。

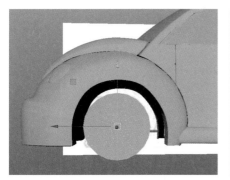

图 6-92

图 6-93

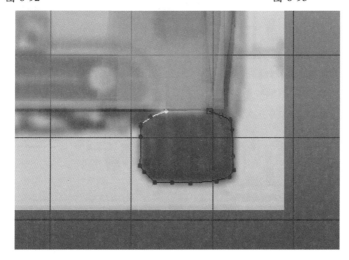

图 6-94

STEP **15** 修改曲线的中心点位置，将中心点移动至圆柱形中心，并执行"曲面"｜"旋转"命令，注意在执行"旋转"命令前修改选择的轴向，如图 6-95 和图 6-96 所示。

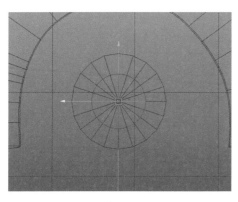

图 6-95

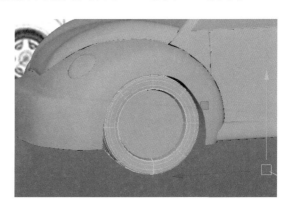

图 6-96

STEP 16 完成甲壳虫汽车模型制作，效果如图 6-97 所示。

图 6-97

【听我讲】

6.1　NURBS 曲面特殊成形工具

有时，创建的表面并不都是规则的，如窗帘的表面应当产生起伏的效果等，为此 Maya 提供了一种特殊的造型方法——曲面，本节将介绍"曲面"菜单下利用曲线生成曲面较为复杂的 4 种工具。

6.1.1　双轨成形

双轨成形命令包含 3 个子命令，分别是"双轨成形 1 工具""双轨成形 2 工具""双轨成形 3+ 工具"，如图 6-98 所示。

图 6-98

使用双轨成形 1 工具，可让一条轮廓线沿着两条路径线进行扫描，从而生成曲面。

在实际操作过程中，创建两条路径线及一条轮廓线，并保证轮廓线的两端分别捕捉在两条路径线之上。选择轮廓线之后，再加选路径线，使用双轨成形 1 工具即可，如图 6-99 和图 6-100 所示。

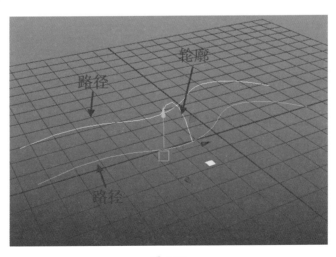

图 6-99

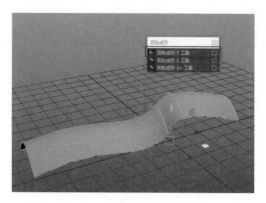

图 6-100

使用双轨成形 2 工具，可沿着两条路径线在两条轮廓线之间生成一个曲面。

在实际操作过程中，创建两条路径线及两条轮廓线，并保证轮廓线的两端分别捕捉在两条路径线之上。选择时，注意对象的选择顺序：先选择两条轮廓线后，再加选两条路径线，效果如图 6-101 和图 6-102 所示。

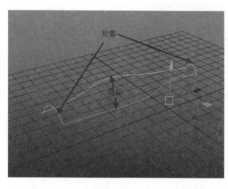

图 6-101

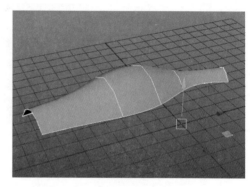

图 6-102

使用双轨成形 3+ 工具，可通过两条路径线和多条轮廓线来生成曲面。

在实际操作过程中，操作方法和前两种工具略有不同，选择双轨成形 3+ 工具后，选择所有的轮廓线并按 Enter 键，加选两条路径线，即可生成曲面，如图 6-103 和图 6-104 所示。

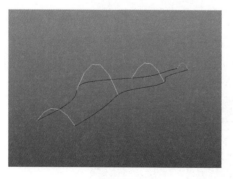

图 6-103

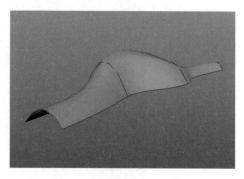

图 6-104

6.1.2　边界

　　使用边界工具，可根据所选边界曲线或等参线来生成曲面，和平面工具不同，其不需要所有的边都保持在同一水平面之上。实际操作如图 6-105 和图 6-106 所示。

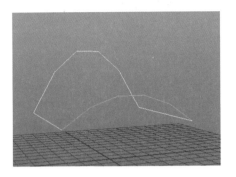

图 6-105

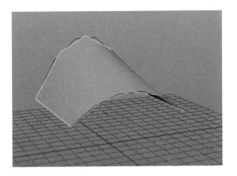

图 6-106

6.1.3　方形

　　方形工具可在 3 条或 4 条曲线间生成曲面，也可在几个曲面相邻的边生成曲面，并且会保持曲面间的连续性。实际操作如图 6-107 和图 6-108 所示。

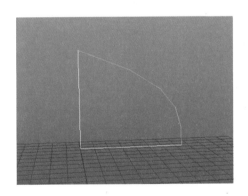

图 6-107

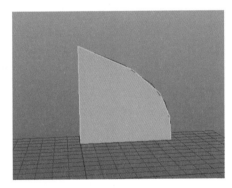

图 6-108

6.1.4　倒角

　　倒角工具可用曲线来创建一个倒角曲面对象，倒角曲面对象的类型可通过相应的参数来进行设定，如图 6-109 所示。

　　实际操作如图 6-110 和图 6-111 所示。

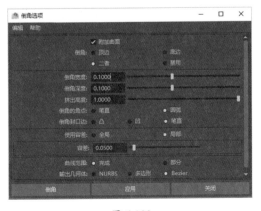

图 6-109

157

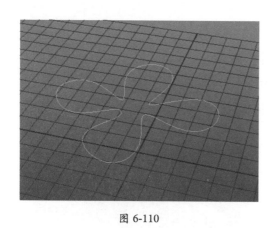

图 6-110

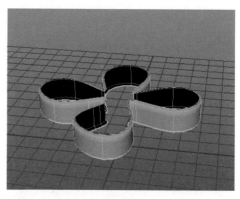

图 6-111

6.1.5　倒角＋

倒角＋工具是倒角工具的升级版，该命令集合了非常多的倒角效果，如图 6-112 所示。

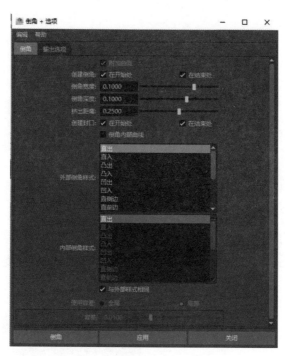

图 6-112

6.2　优化曲面工具

本节将介绍如何通过对曲面模型元素的调整和工具的应用来修改曲面形状，改变曲面结构，从而满足我们对造型的需求。

6.2.1　调整曲面元素

选择 NURBS 曲面模型，长按鼠标右键，可观察到 NURBS 曲面模型的构成元素，如图 6-113 所示。

单击至控制顶点模式，可通过修改顶点位置来改变 NURBS 曲面模型，如图 6-114 所示。

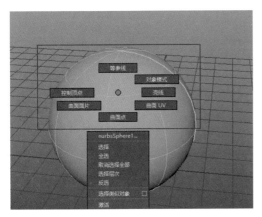

图 6-113

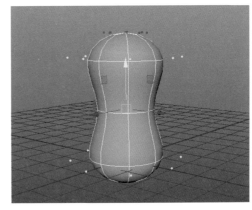

图 6-114

也可切换至"壳线"模式，通过修改壳线的形状及位置来改变 NURBS 曲面模式，如图 6-115 所示。

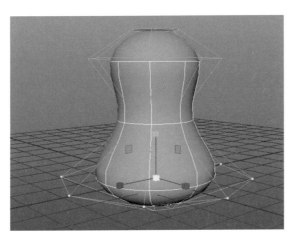

图 6-115

6.2.2　编辑"曲面"菜单

打开"曲面"菜单，可看到在下半部分，全部都是编辑 NURBS 曲面的相关工具，其中许多工具的名称和"编辑 NUBRS 曲线"菜单十分类似，但应用对象只能是 NURBS 曲面，这里对部分常用命令做出介绍，如图 6-116 所示。

图 6-116

1. 复制 NURBS 面片

复制 NURBS 面片工具可将 NURBS 物体上的曲面面片复制出来，并且会形成一个独立的物体。

在实际操作过程中，需要切换到"曲面面片"模式，选中对应曲面点，使用命令即可，如图 6-117 和图 6-118 所示。

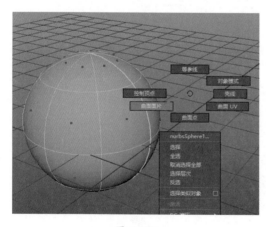

图 6-117

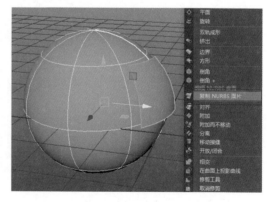

图 6-118

2. 对齐

使用对齐曲面工具，可将两个曲面进行对齐操作，也可通过选择曲面边界的等参线来对齐曲面，对齐后两个曲面模型会产生关联。

在实际操作过程中，使用工具前，需注意两个曲面的选择顺序，这会影响对齐的结果，如图 6-119 和图 6-120 所示。

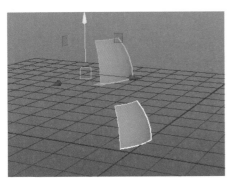

图 6-119

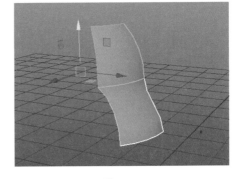

图 6-120

打开工具设置面板，可对具体的对齐方式做不同的调整，如图 6-121 所示。

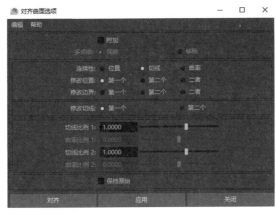

图 6-121

3. 附加 / 附加面不移动

附加曲面工具可将两个曲面附加在一起形成一个曲面，也可选择曲面上的等参线，然后在两个曲面上指定位置进行合并，实际效果类似于曲面模型的连接，如图 6-122 和图 6-123 所示。

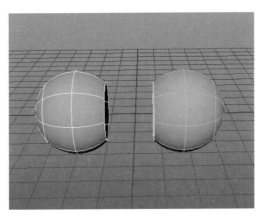

图 6-122

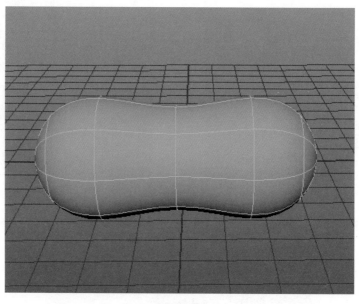

图 6-123

附加而不移动曲面工具是通过选择两个曲面上的等参线，在两个曲面间产生一个混合的曲面，而不对原始物体进行移动变形操作。

在实际操作过程中，切换至模型的等参线模式，单击需要附加连接的位置，使其呈黄色高亮显示，并加选另一模型等参线，使用附加而不移动曲面工具即可，如图 6-124 和图 6-125 所示。

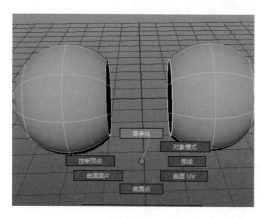

图 6-124

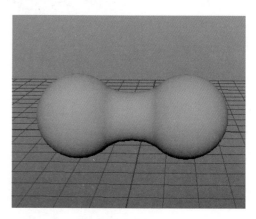

图 6-125

4. 分离

分离曲面工具是通过选择曲面上的等参线将曲面从选择位置分离出来，以形成两个独立的曲面。

在实际操作过程中，切换至模型的等参线模式，长按鼠标左键，以模型原有曲面为基础移动参考线的位置，确认后使用分离曲面工具，如图 6-126 和图 6-127 所示。

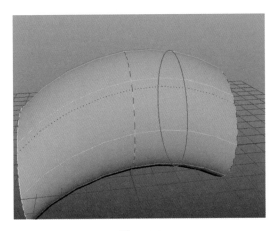

图 6-126

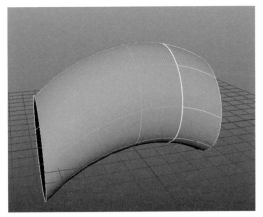

图 6-127

5. 开放 / 闭合

开放 / 闭合曲面工具可将曲面在 U 方向或 V 方向进行打开或者封闭的操作。开放的曲面，执行该命令后会封闭起来；而封闭的曲面，执行该命令后会变成开放的曲面。

在工具设置面板中，可对具体的曲面方向等参数做调整，如图 6-128 所示。

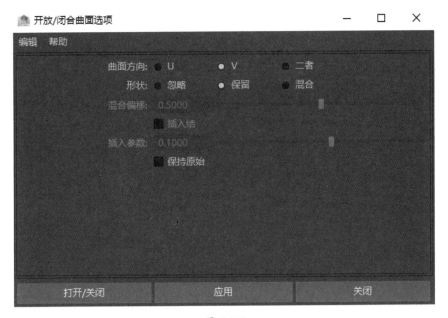

图 6-128

6. 相交

相交曲面工具可在曲面的交界处产生一条相交的曲线，以用于后面的剪切操作，如图 6-129 所示。

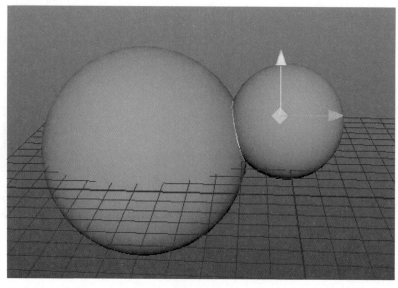

图 6-129

7. 在曲面上投影曲线

在曲面上投影曲线曲面工具可将曲线按照某种投射方式投影到曲面上，以形成曲面曲线。

打开工具设置面板，可看到两种投影形式，如图 6-130 所示。

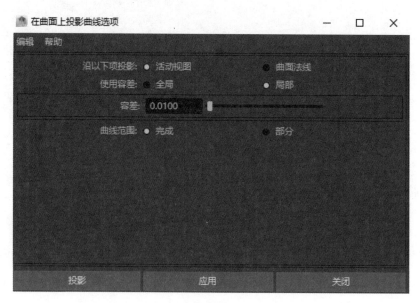

图 6-130

（1）活动视图：用垂直于当前激活视图方向作为投影方向。

（2）曲面法线：用垂直于曲面方向作为投影方向。

在实际操作过程中，选择需要投影的曲线并加选被投影的曲面，切换至正交视图，使用命令即可，如图 6-131 和图 6-132 所示。

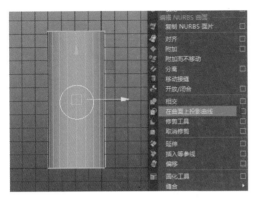

图 6-131

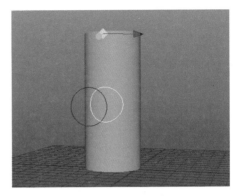

图 6-132

8. 修剪工具

修剪工具可根据曲面上的曲线来对曲面进行修剪，一般会使用曲面相交或投影曲线在曲面上创建曲线来用以修剪。

在实际操作过程中，需要用修剪工具选择表面被添加曲线的模型，并在需要保留的部分单击做出保留选择，按 Enter 键完成修剪操作，如图 6-133 和图 6-134 所示。

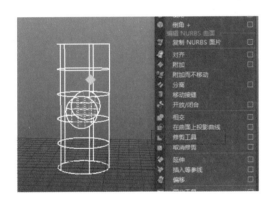

图 6-133

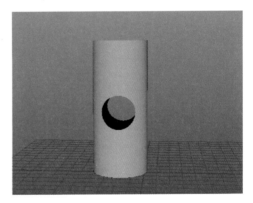

图 6-134

9. 圆化工具

圆化工具可圆化 NURBS 曲面的公共边，在倒角过程中可通过手柄来调整倒角半径。

在实际操作过程中，使用圆化工具选择公共边时应当注意，避开非使用命令的边，一般可切换至线框显示方便观察，如图 6-135 和图 6-136 所示。

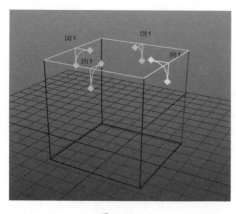

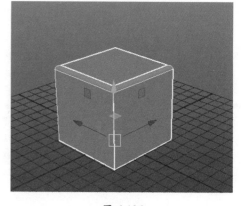

图 6-135　　　　　　　　　　　　　　　图 6-136

除了使用手柄调整倒角半径外，还可通过"通道盒"面板下的圆化命令参数来进行精确的调整，如图 6-137 所示。

图 6-137

10. 重建

重建曲面是一个经常使用的命令，在利用"放样"等命令使用曲线生成曲面时，容易造成曲面上的曲线分布不均匀的现象，这时就需要使用该命令来重新分布曲面上的 UV 方向及线段数，如图 6-138 所示。

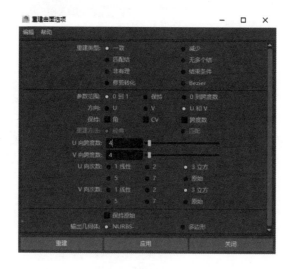

图 6-138

11．反转方向

反转方向曲面工具可改变曲面的 UV 方向，以达到改变曲线法线方向的目的。

在创建曲面时，经常遇到创建出来的曲面呈黑色显示，这就说明曲面的法线方向出现问题，这时便可使用反转方向曲面工具来反转曲面法线，如图 6-139 和图 6-140 所示。

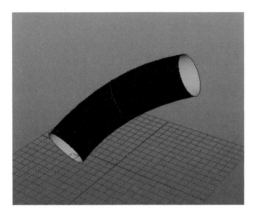

图 6-139

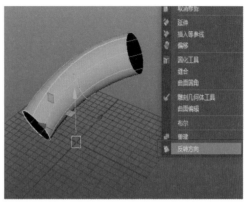

图 6-140

【自己练】

项目练习　制作胃部模型

💻 项目背景

某医药公司拟投放一部胃药动画广告，委托我公司制作胃部模型。

💻 项目要求

以 NURBS 模块为建模工具，按照胃部图例制作模型。

💻 项目分析

绘制胃部形状曲线，利用双轨成形工具生成曲面模型，重建曲面结构，微调曲面元素。

💻 项目效果

💻 课时安排

2 课时。

第7章

灯光与渲染

本章概述

　　本章介绍Maya中各类灯光的属性和应用方法、摄影机的使用以及渲染技术。通过对本章的学习，可以掌握场景的基础布光方法、摄影机的设置以及如何渲染出最终的图片或影片。

要点难点

　　灯光知识　★★★

　　摄影机知识　★★☆

　　渲染知识　★★★

案例预览

制作窗台前的书桌

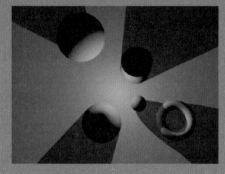

平行光

【跟我学】 制作窗台前的书桌

作品描述

为书桌场景设置灯光，学习运用各种类型的灯光产生不同的照射效果；为场景简单设置渲染选项，得到场景渲染图片。

实现过程

STEP 01 执行"文件"|"打开场景"命令，打开本案例提供的场景文件"灯光01"，观察场景，这是一个窗台前的书桌，书桌上还有一盏台灯。在接下来的工作中，需要突出窗外的月光和桌前的台灯两盏光源，来给场景制作灯光，烘托气氛，如图7-1所示。

STEP 02 执行"创建"|"灯光"|"区域光"命令，在场景内创建一盏区域光，并使用变换工具修改灯光大小和照射方向，以符合台灯模型的大小比例和照射范围。修改完成后，将区域光移动至台灯下方，如图7-2所示。

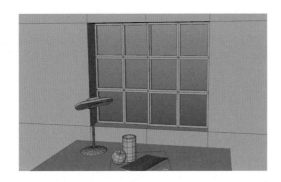

图 7-1

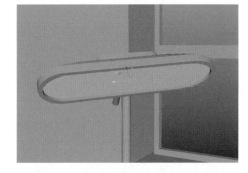

图 7-2

STEP 03 按数字键7切换至灯光显示模式，此时便可在工作区域内快速预览到灯光的效果，方便对灯光大小、位置及照射方向做进一步调整，如图7-3所示。

STEP 04 选中灯光，按 Ctrl+A 组合键打开灯光的"属性编辑器"，在公用属性下方找到"颜色"属性，对区域光的颜色做出修改，修改为偏暖色，如图7-4所示。

图 7-3

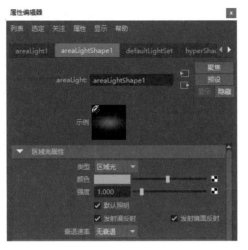

图 7-4

STEP 05 找到区域光属性编辑器的"阴影"选项，勾选"使用深度贴图阴影"复选框，让台灯的光线可以产生阴影，增加真实性。还可以修改阴影的相关属性，提高阴影质量，如图 7-5 所示。

STEP 06 添加灯光的阴影效果后，无法在工作区内预览到阴影效果，单击 "渲染当前帧"按钮，观察当前场景，如图 7-6 所示。

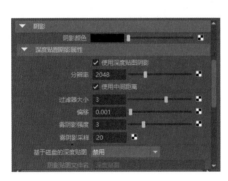

图 7-5

图 7-6

STEP 07 现在场景中除了台灯前方的桌面局部被照亮外，其他区域略显黑暗，需要在场景中添加一盏辅助光源。执行"创建"|"灯光"|"聚光灯"命令，创建一盏聚光灯，放置在桌面 45°角位置，并将聚光灯照射方向指向桌面，如图 7-7 所示。

STEP 08 按 Ctrl+A 组合键，打开灯光"属性编辑器"，修改"强度"为 0.100，"圆锥体角度"为 40.000，"半影角度"为 30.000，"衰减"为 10.000，使这盏聚光灯模拟室内别处的灯光，起到照亮整个场景的作用，效果如图 7-8 所示。

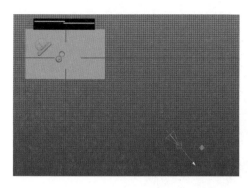

图 7-7

图 7-8

STEP 09 执行"创建"|"灯光"|"聚光灯"命令，将创建好的灯光移动至窗外位置，用来模拟室外的月光，如图 7-9 和图 7-10 所示。

图 7-9

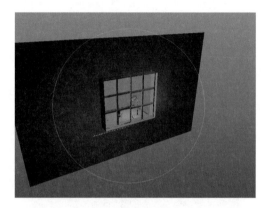

图 7-10

STEP 10 为了方便灯光位置和角度的调节，可选中灯光，执行"面板"|"沿选定对象观看"命令，进入灯光视角来进行调节，如图 7-11 所示。

STEP 11 设置灯光属性，修改"半影角度"为 30.000，"衰减"为 10.000，勾选"使用深度贴图阴影"复选框，调整阴影颜色及质量，效果如图 7-12 所示。

图 7-11

图 7-12

STEP 12 修改灯光颜色，调整至偏冷色调，和室内台灯形成光线的冷暖对比，如图 7-13 所示。

STEP 13 重新渲染进行观察，效果如图 7-14 所示。

图 7-13

图 7-14

STEP 14 在灯光"属性编辑器"内，找到"灯光效果"选项组，单击"灯光雾"属性后方的棋盘格按钮，为灯光创建灯光雾特效，如图 7-15 所示。

STEP 15 启用灯光雾特效后，原有的聚光灯图标会向外延伸出灯光雾特效的范围线框，使用缩放工具对聚光灯图标进行大小调整，确保灯光雾范围覆盖住桌面场景，如图 7-16 所示。

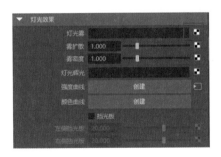
图 7-15

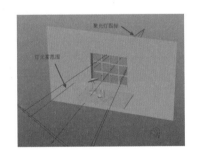
图 7-16

STEP 16 调整"灯光效果"选项组下"雾扩散"和"雾密度"属性，增加灯光雾的质感和强度，如图 7-17 所示。

STEP 17 渲染场景，观察整体效果，如图 7-18 所示。

图 7-17

图 7-18

STEP 18 执行"创建"|"摄影机"|"摄影机"命令，在场景内创建一台摄影机 camera1。执行"面板"|"沿选定对象观看"命令，进入摄影机视角，执行"视图"|"摄影机设置"|"分辨率"命令，调整摄影机拍摄角度，如图 7-19 所示。

STEP 19 执行"窗口"|"渲染编辑器"|"渲染设置"命令，使用 Maya 软件渲染，设置公用属性：修改"文件名前缀"为"窗台前的书桌"，修改"图像格式"

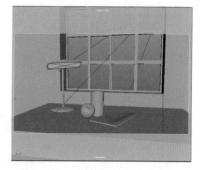

图 7-19

为 JPEG.jpg，修改"可渲染摄影机"为 camera1，修改图像大小"预设"为 HD 720。修改软件渲染：在"抗锯齿质量"选项组内，将"质量"修改为"产品级质量"。具体参数设置如图 7-20 ~ 图 7-22 所示。

图 7-20　　　　　　　　　图 7-21　　　　　　　　　图 7-22

STEP 20 执行渲染当前帧命令，观察渲染结果，如图 7-23 所示。

图 7-23

【听我讲】

7.1 灯光知识

在 Maya 中，有 6 种基本类型的灯光。根据灯光的作用，可使用不同的灯光来制作不同的光效，这些灯光既有通用属性，又有各自的用途和特点。

7.1.1 灯光的创建及显示

在 Maya 中，所有物体都必须先创建才可以使用，灯光的创建和前面学过的模型创建过程一样。

可通过"创建"|"灯光"命令，来选择需要创建的灯光类型，如图 7-24 所示。

也可将"工具架"标签切换至"渲染"标签，在工具架中单击灯光的快捷图标来进行创建，如图 7-25 所示。

图 7-24

图 7-25

灯光创建完成后，灯光的图标就会出现在工作区中，可使用移动等变换工具来控制灯光的位置等信息，如图 7-26 所示。

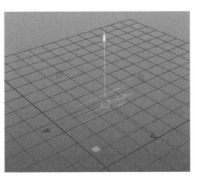

图 7-26

如果需要显示或者隐藏场景内的灯光图标，可执行"显示"|"隐藏"/"显示"|"灯光"命令，如图 7-27 所示。

在默认设置下，场景中有一盏默认的灯光，在添加新的灯光之前，该灯光起作用。而在添加新的灯光之后，该灯光不再起作用。在创建灯光后，可按数字键 7 来打开灯光效果，这时场景内才会出现灯光效果，如图 7-28 所示。

图 7-27   图 7-28

也可通过修改"照明"菜单内的选项来修改灯光效果，如图 7-29 所示。

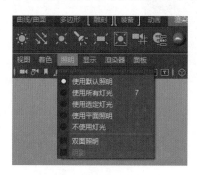

图 7-29

7.1.2　灯光的类型

在 Maya 中，有 6 种基本类型的灯光，它们分别是 Ambient Light(环境光)、Directional Light(平行光)、Point Light (点光源)、Spot Light (聚光灯)、Area Light(区域光) 和 Volume Light(体积光)。灵活使用好这 6 种灯光，可模拟现实中大多数的光效。

各种灯光在场景中的显示形状如图 7-30 所示。

图 7-30

1．Ambient Light（环境光）

环境光能够从各个方向均匀地照射场景中所有的物体。环境光有两种照射方式：一种是光线从光源的位置平均地向各个地方照射，类似于一个点光源；另一种是光线从所有地方平均地照射，犹如一个无限大的中空球体从内部的表面发射灯光一样。

环境光一般不作为主光源，通常用来模拟漫反射，起到均匀地照亮整个场景、调整场景色调的作用。环境光只有打开光线追踪算法之后才能计算阴影。环境光照明及阴影效果如图 7-31 所示。

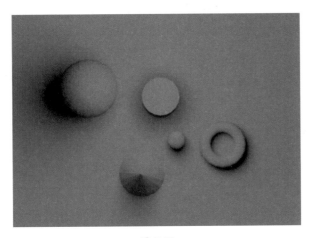

图 7-31

2．Directional Light（平行光）

平行光仅在一个地方平均地发射灯光，它的光线是互相平行的，使用平行光可以模拟一个非常远的点光源发射灯光，类似于太阳照射地球的效果。需要注意的是，平行光没有衰减属性，也就是说，无论场景有多大，平行光照射方向的物体都会被照亮。

物体被照射的范围及映射的阴影与平行光的方向有很大的关系，与平行光的大小和亮度没有关系。平行光照明及阴影效果如图 7-32 所示。

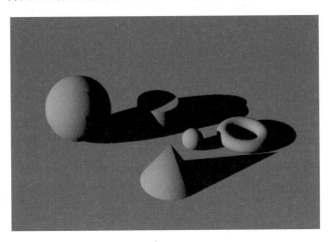

图 7-32

3．Point Light（点光源）

点光源是生活中最常用也是最普通的光源。这个灯光用于模拟光从一个点向四周进行发散，所以光线是不平行的，光线汇聚的地方就是光源所在。点光源可以用于模拟灯泡，模拟夜空的星星灯，它具有非常广泛的应用范围。

当点光源映射阴影时，阴影的形状是向外发散的，其照明及阴影效果如图 7-33 所示。

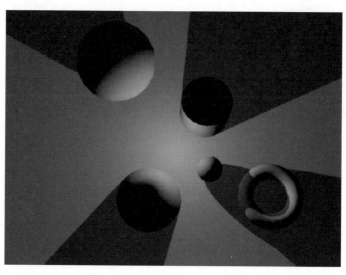

图 7-33

4．Spot Light（聚光灯）

聚光灯是具有方向性的灯光。聚光灯的光线是从一个点开始，在一个圆锥形区域中平均地发射光线，聚光灯的光照锥角是可以调节的，这样可更好地控制灯光范围，几乎可以模拟任何照明效果。

聚光灯同样可以映射阴影，其照明及阴影效果如图 7-34 所示。

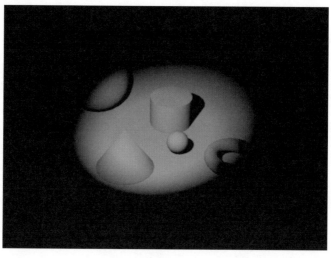

图 7-34

5．Area Light（区域光）

区域光也叫面光源。和其他灯光不同的是，区域光是一种二维的面积光源。可通过变换工具调节区域光图标面积的大小来控制灯光的亮度和强度，调节灯光图标方向可改变照射方向。

区域光照明及阴影效果如图 7-35 所示。

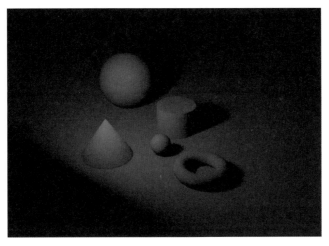

图 7-35

6．Volume Light（体积光）

体积光有着和其他光源不同的地方，利用体积光可以更好地体现灯光的延伸效果或者限定区域内的灯光效果，利用它还可以很方便地控制光线所能达到的范围。体积光只对线框所包括的范围内进行照明，所以通过变换工具修改体积光图标大小便可控制光线大小。

体积光照明及阴影效果如图 7-36 所示。

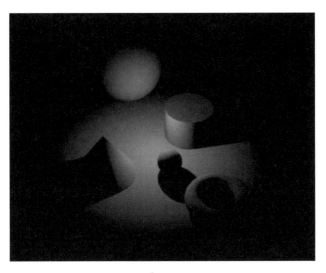

图 7-36

7.1.3 灯光的操作与观察

当创建好灯光之后,可使用变换工具对灯光做基本的调节。也可使用手柄工具,方法是选中灯光,按 T 键,激活灯光的手柄工具,在灯光控制手柄不动的情况下,调节目标控制手柄,就可以改变灯光的位置和方向,如图 7-37 所示。

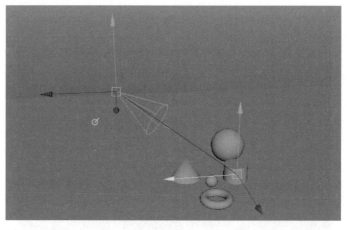

图 7-37

为了更好地观察和调整灯光的照射范围,可选中灯光,执行"面板"|"沿选定对象观看"命令,如图 7-38 所示,进入灯光自身的视角观察物体和场景,从而更精确地进行设置,如图 7-39 所示。

图 7-38

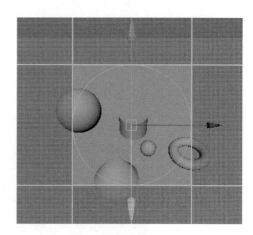

图 7-39

7.1.4 灯光的基本属性

在 Maya 6 种灯光中,属性较为全面的为聚光灯,因此这里以聚光灯为例来介绍灯光属性。

通常可以选中灯光,按 Ctrl+A 组合键来打开灯光的"属性编辑器",如图 7-40 所示。

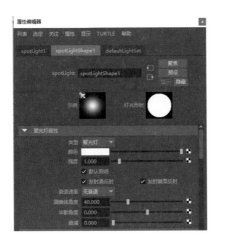

图 7-40

属性说明如下。

● 类型：灯光的类型，打开下拉菜单可进行灯光类型的切换。

● 颜色：灯光的颜色，用来控制灯光照射出来的颜色。默认灯光颜色为白色，单击
白色色块可以打开颜色修改面板，如图 7-41 所示。

单击后方的棋盘格按钮可以添加节点，如图 7-42 所示。

图 7-41

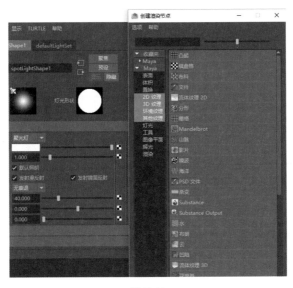

图 7-42

181

● 强度：用于控制灯光的强弱，数值越大灯光越亮，当值为 0 时，灯光不产生照明效果；当值为负值时，可理解为吸光。在默认情况下该值为 1。

● 衰退速率：用来控制灯光从光源向外衰退的方式。这里提供了无衰退、线性衰退、二次方衰退、立方衰退 4 种衰退方式，灯光的减弱效果逐级递增，如图 7-43 所示。

图 7-43

● 圆锥体角度：用于调整聚光灯的锥角的角度，直接影响聚光的照射范围，如图 7-44 所示。

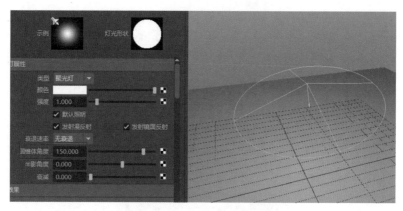

图 7-44

● 半影角度：设定聚光的半影角，也就是光线到圆锥半影的衰减。当半影角为正值时，光线会向外虚化；当半影角为负值时，灯光会向内虚化；当数值为 0.000 时，不会虚化，如图 7-45 所示。

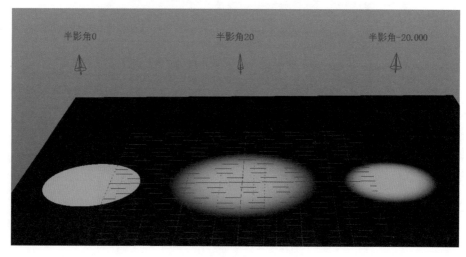

图 7-45

● 衰减：用于控制灯光从中心向四周进行衰减的速度，取值范围为 0 到无穷大。

7.1.5　灯光阴影

在真实世界中，光与阴影是密不可分的，物体有光线照射就要产生阴影。在 Maya 中，提供了两种生成阴影的方式：一是深度贴图阴影；二是光线跟踪阴影。

1. 深度贴图阴影

深度贴图阴影产生的方式是 Maya 在渲染时生成一个深度贴图文件，它会计算灯光到物体表面的距离，然后根据运算结果来判断是否产生阴影。这种阴影生成方式的特点是渲染速度快，生成的阴影相对柔软，边缘柔和，但是和光线跟踪阴影相比缺乏真实性。

打开灯光"属性编辑器"，展开灯光"阴影"面板，勾选"使用深度贴图阴影"复选框，灯光就可以产生深度贴图阴影，如图 7-46 所示。

图 7-46

属性说明如下。

● 阴影颜色：用于改变阴影渲染的颜色。
● 分辨率：阴影贴图的分辨率，数值越大，阴影贴图分辨率越高，阴影效果越好，但渲染速度会降低。
● 聚焦：决定映射阴影的范围大小。
● 过滤器大小：用于控制产生阴影边缘的虚化效果。数值越大，边缘越柔和；数值越小，边缘越锐利。

使用深度贴图阴影后的效果如图 7-47 所示。

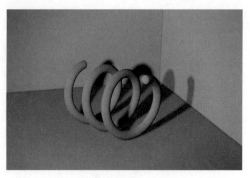

图 7-47

2．光线跟踪阴影

光线跟踪这种阴影的生成方式是比较真实地跟踪计算光线的传播路线，从而确定如何投射阴影以及在哪里投射阴影。在大部分情况下，它能提供非常真实的效果，但是因为光线跟踪阴影是计算整个场景的，所以需要花费更多的计算时间。

在"阴影"面板中，勾选"使用光线跟踪阴影"复选框，就可以打开光线跟踪阴影的效果了，如图 7-48 所示。

图 7-48

属性说明如下。

- 灯光半径：该属性决定阴影柔化程度，该值越大，阴影的边缘越模糊。
- 阴影光线数：阴影采样次数，通过它可以控制阴影模糊细节的精度。调节该值，可以控制阴影边缘的颗粒程度。
- 光线深度限制：限制光线跟踪反弹的次数，即光线在投射阴影前被折射或者反射的最大次数，数值越大，渲染速度越慢。

使用光线跟踪阴影后的效果如图 7-49 所示。

图 7-49

7.2 摄影机知识

在每一个新建的 Maya 文档中，都会有 4 台默认的摄影机。由这 4 台摄影机组成了 4 台不同的视图，3 台正交视图摄影机，即前视图、侧视图、顶视图，1 台透视图摄影机。可打开大纲视图找到它们，如图 7-50 所示。

图 7-50

Maya 中的摄影机和现实中的一样，在没有使用动画和渲染功能之前，它只是一个观察和定位的工具。

7.2.1 摄影机的创建

Maya 中创建摄影机有很多种方式，常用的方法是使用菜单命令直接创建，或者选择特定视图后在"视图"菜单内进行创建。

- 用菜单命令创建：执行"创建"|"摄影机"|"摄影机"命令，可以在场景内创建一台摄影机，如图 7-51 所示。

图 7-51

- 在"视图"菜单内进行创建：执行"视图"|"从视图创建摄影机"命令，如图 7-52 所示。

图 7-52

7.2.2　摄影机的基础属性

在 Maya 中创建摄影机之后，选中摄影机，按 Ctrl+A 组合键便可打开摄影机的"属性编辑器"，如图 7-53 所示。

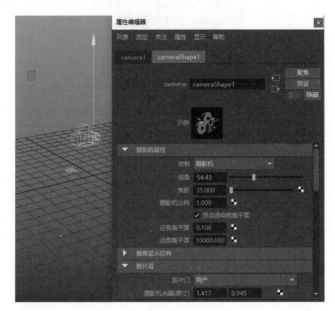

图 7-53

属性说明如下。

- 控制：通过其下拉菜单，可在"摄影机""摄影机与目标""摄影机目标与向上方向"3 种摄影机类型里做切换。
- 视角：这里指的是摄影机镜头所能拍摄到的场景中，距离最大的两点与镜头连线的夹角。该值默认为 54，是和人眼近似的视角。
- 焦距：镜头中心至胶片的距离。"焦距"和"视角"是一对关联的参数，对于相同的成像面积，镜头焦距越短，其视角就越大。当焦距变短时，视角就变大，可以拍摄到更大的范围，但远处的对象会变模糊。当焦距变长时，视角就变小了，可以使较远处的物体变大，更加清晰，但是能拍摄的宽度范围就变窄了。

● 摄影机比例：用于控制焦距的缩放值。

● 景深：勾选"景深"复选框，便会打开景深效果的开关，下方灰色的属性便会被激活，如图7-54所示。

图 7-54

> 聚焦距离：默认数值为5.000，代表摄影机至目标点5个单位范围内的对象，Maya对其会进行清晰处理，剩余的部分会进行模糊处理，如图7-55所示。

图 7-55

> F制光圈：用来控制聚焦区域的大小范围，扩大聚焦区域的范围，会让周围更多物体变得清晰。

7.2.3 摄影机的操作

在场景中创建了摄影机之后，可以使用变换工具来对摄影机的位置和自身角度做出移动与旋转的操作。对摄影机使用缩放工具，只能使摄影机的图标大小发生变化，不会对实际的摄影机参数产生影响。

还可以选定摄影机，执行"面板"|"沿选定对象观看"命令，进入摄影机视角，以操作视图一样的方式更加直观地调整摄影机镜头，具体方法如下。

● 使用 Alt+ 鼠标左键，旋转摄影机。

● 使用 Alt+ 鼠标中键，平移摄影机。

● 使用鼠标中键滚轮，推 / 拉摄影机。

CHAPTER 06

CHAPTER 07

CHAPTER 08

在进入摄影机视角后，可以执行"视图"|"摄影机设置"命令，在其中选择镜头的分辨率门、安全动作等需要的辅助显示信息，如图 7-56 和图 7-57 所示。

图 7-56   图 7-57

7.3   渲染知识

渲染是将制作的三维作品最后输出成图片或者影像的环节。在渲染开始之前会按作品要求对渲染参数进行设置，当渲染开始后，计算机会自动对数据进行运算。

在 Maya 中有专门的渲染模块，切换至"渲染"模块下，将会有对应的菜单出现。在工具架上也有预设的"渲染"标签，切换至"渲染"标签后，可以看到常用的渲染命令，如图 7-58 所示。

图 7-58

在状态栏的最后有 5 个一组的按钮，分别为打开渲染窗口、渲染当前帧、IPR 渲染、渲染设置、超级着色器 5 个快捷按钮。

Maya 的基础渲染类型有两种：一种是软件渲染；另一种是硬件渲染。软件渲染是最常用的一种渲染方式，可以渲染出高质量的图像效果，但渲染速度较慢。硬件渲染是利用计算机的显卡芯片来计算的渲染方式，主要用来渲染一些特殊效果，如粒子特效等，它的渲染速度较快，但渲染质量低于软件渲染。

7.3.1　公用渲染设置

执行"窗口"|"渲染编辑器"|"渲染设置"命令，或单击状态栏的"渲染设置"图标，打开 Maya 的"渲染设置"窗口，第一个部分便是公用渲染设置，如图 7-59 所示。

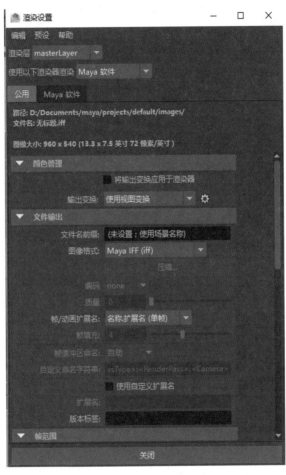

图 7-59

参数说明如下。

1. 文件输出

● 文件名前缀：用于设置输出文件的名称。

● 图像格式：下拉列表里有多种图像格式可供选择。

● 帧 / 动画扩展名：该下拉列表内有多项可供选择。名称由"文件名前缀"决定，#
代表序列帧，.ext 代表扩展名。常用的单帧渲染选择"名称（单帧）""名称 . 扩
展名（单帧）"。常用的序列帧渲染选择"名称 .#. 扩展名"选项，此时下方的
灰色选项被激活，如图 7-60 所示。

图 7-60

> 开始帧：用于设置渲染动画的起始帧。如果设置为 20.000，那么将从动画的 20
帧开始渲染。
> 结束帧：用于设置渲染动画的结束位置。
> 帧数：用于设置渲染时的帧间隔，即每隔几帧渲染一次。

2. 可渲染摄影机

用于设置要渲染的镜头，如果不进行特殊设置，系统会渲染当前激活的视图，如
图 7-61 所示。

图 7-61

参数说明如下。

● Alpha 通道（遮罩）：如果勾选此项，渲染出的文件将带有 Alpha 通道属性。
● 深度通道 (Z 深度)：如果勾选此项，渲染出的文件将带有深度通道属性。

3. 图像大小

该组选项用来设置输出图像的大小，如图 7-62 所示。

图 7-62

7.3.2 软件渲染器设置

软件渲染器设置界面如图 7-63 所示。

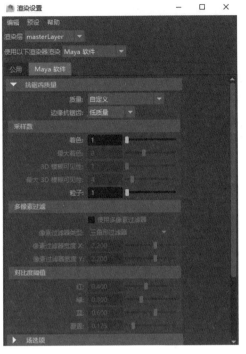

图 7-63

1. 抗锯齿质量

该组选项主要用于设置图像的输出质量。属性介绍如下。

- 质量：下拉列表中提供了一些预设的抗锯齿级别，级别越高图像的效果越好，但渲染速度越慢，如图 7-64 所示。
- 边缘抗锯齿：用于控制边缘的抗锯齿程度，下拉列表中有 4 种可选选项，如图 7-65 所示。

图 7-64

图 7-65

2. 场选项

该选项组用于设置渲染图像的上下场优先值，可在其下拉列表中选择相应的选项来设置场的优先级，如图 7-66 所示。

3. 光线跟踪质量

选项如图 7-67 所示。

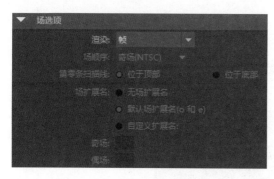

图 7-66

图 7-67

参数说明如下。

- 光线跟踪：勾选该复选框，则打开光线跟踪的总开关。
- 反射：设置光线被反射的最大次数。该数值和材质自身的反射限制值共同起作用，以数值最低的为标准。
- 折射：设置光线被折射的最大次数，一般不超过 10。

4．运动模糊

该选项可以设置场景中的模糊效果，在静态的场景渲染中极少使用，如图 7-68 所示。

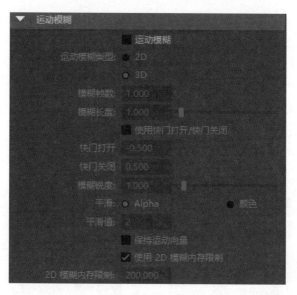

图 7-68

7.3.3　渲染序列帧动画方法

执行"窗口"|"渲染编辑器"|"渲染设置"命令，打开"渲染设置"窗口。在"公用"选项卡"文件输出"栏打开"帧/动画扩展名"列表，选择序列帧渲染格式，如"名称.#.扩

展名"，如图 7-69 所示。设置渲染的开始帧和结束帧，如图 7-70 所示。执行"渲染"|"批渲染"命令，后台便会自动进行动画的渲染，如图 7-71 所示。

图 7-69

图 7-70

图 7-71

【自己练】

项目练习　制作路灯效果

📺 项目背景

为某动画短片夜晚巷口的镜头设置灯光。

📺 项目要求

场景灯光设置需要烘托出昏暗的路灯和清冷的街道。

📺 项目分析

创建聚光灯制作路灯，添加灯光雾特效烘托昏暗气氛，调整辅助光源颜色，产生冷暖对比。

📺 项目效果

📺 课时安排

2 课时。

第 8 章

材质与纹理

本章概述

　　本章介绍 Maya 基础材质以及常用二维纹理的类型和属性，以及 UV 编辑器使用和贴图制作的方法。通过对本章的学习，可以为制作的模型披上华丽的外衣，从而使模型更具有真实感。

要点难点

　　材质知识　★★★
　　二维程序纹理　★★☆
　　UV 与贴图　★★★

案例预览

制作酒桶上的玻璃杯

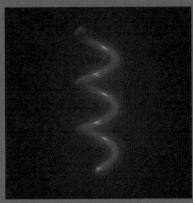

辉光属性

【跟我学】 制作酒桶上的玻璃杯

🖥 作品描述

制作一幅摆放着玻璃杯的酒桶放置在墙边的画面。为场景架设灯光以提供照明和阴影，通过引用外部贴图的方法体现酒桶的木头材质，调节材质球高光属性为玻璃杯模型制作玻璃材质。

🖥 实现过程

1. 设置场景灯光

STEP **01** 在制作材质之前，可先进行灯光的制作，以方便在制作的过程中能更好地看出材质效果。打开场景文件"酒桶玻璃杯"，执行"创建"|"灯光"|"聚光灯"命令，使用变换工具调整聚光灯图标大小、角度及位置，如图 8-1 所示。

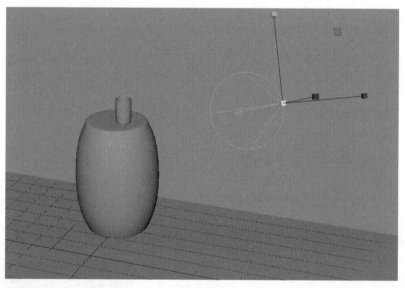

图 8-1

STEP **02** 打开灯光"属性编辑器"面板，将灯光颜色调至偏暖色，调整灯光"半影角度"为 10.000，"衰减"为 1.000，勾选"使用深度贴图阴影"选项，修改阴影"分辨率"为 1024，设置"过滤器大小"为 8，如图 8-2 和图 8-3 所示。

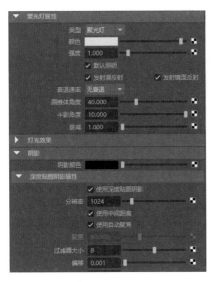

图 8-2   图 8-3

STEP 03 再添加一盏聚光灯作为辅助光源，降低灯光强度，辅助光源不需要打开阴影效果，如图 8-4 所示。

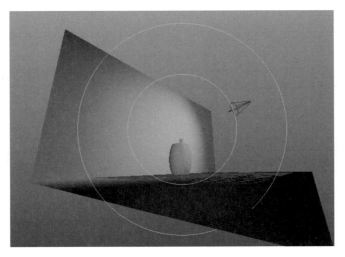

图 8-4

2．制作测试贴图

STEP 01 执行"窗口"|"渲染窗口编辑"|"材质编辑器"命令，打开材质编辑器，创建一个 lambert2 材质球。双击材质球图标，打开"材质球属性"面板，单击"颜色"选项后的棋盘格按钮，连接一个"文件"节点，如图 8-5 所示。

图 8-5

STEP **02** 单击文件节点内"图像名称"后面的文件夹按钮,选择测试贴图文件。选中酒桶和墙面模型,在 lambert2 材质球图标上长按鼠标右键,选择"为当前选择指定材质"命令,将材质球赋予物体,如图 8-6 和图 8-7 所示。

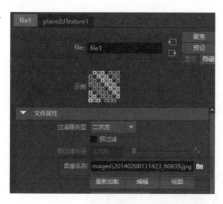

图 8-6

图 8-7

STEP **03** 选择视图区域,按数字键 6,显示贴图效果。观察出现的格子贴图,在某些模型上的方正格子会出现拉伸和变形情况,这说明赋予该模型任何贴图或 2D 节点都会发生拉伸变形。可调整模型的 UV,避免贴图的变形,如图 8-8 所示。

图 8-8

3. 拆分 UV

STEP 01　选择酒桶模型，执行"创建 UV"|"圆柱形映射"命令。执行命令之后，在模型表面会出现圆柱形的 UV 控制器，可通过控制器四周缩放按钮来调整贴图比例，如图 8-9 所示。

STEP 02　对于酒桶的上下两个面，需要单独使用平面映射来重建其 UV，如图 8-10 所示。

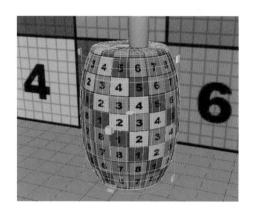

图 8-9

图 8-10

4. 绘制贴图

STEP 01　选中酒桶模型，执行"窗口"|"UV 编辑器"命令，在弹出的"UV 编辑器"窗口中便可看到酒桶的 UV，如图 8-11 所示。

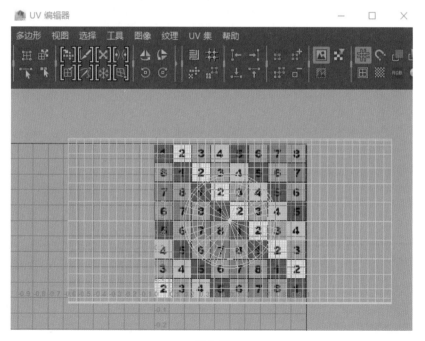

图 8-11

STEP 02 使用移动 UV 壳工具██来对分配好的 UV 进行移动，按 R 键切换至缩放工具，调整 UV 大小和位置，将酒桶的 UV 放置在右上角 0-1 象限内，如图 8-12 所示。

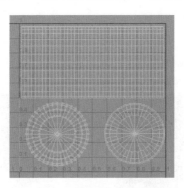

图 8-12

STEP 03 执行 UV 编辑器菜单"多边形"|"UV 快照"命令，输出 UV 图像，调整输出大小为 1024，"图像格式"为 Targa，如图 8-13 所示。

图 8-13

STEP 04 将输出的 UV 快照图像导入 Photoshop，按照 UV 制作木桶贴图，如图 8-14 和图 8-15 所示。

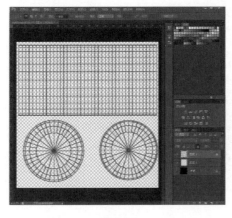

图 8-14   图 8-15

STEP **05** 创建 lambert3 材质球，改名为木桶。打开材质球"属性编辑器"，单击"颜色"属性后的棋盘格按钮，连接"文件"节点，在"文件"节点的"文件名称"栏内，找到制作好的木桶贴图。将材质球赋予木桶模型，如图 8-16 所示。

图 8-16

5．制作玻璃杯材质

STEP **01** 创建 blinn1 材质球，打开材质球"属性"面板，找到"公用材质属性"组，修改材质球"颜色"属性为黑色，修改"透明度"属性为白色，如图 8-17 所示。

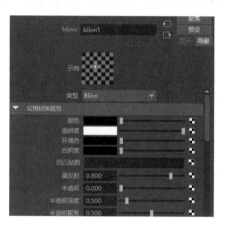

图 8-17

STEP **02** 找到"镜面反射着色"组，修改"偏心率"属性为 0.130，修改"镜面反射衰减"属性为 1.000，修改"镜面反射颜色"为白色，修改"反射率"属性为 0.683，如图 8-18 所示。

图 8-18

STEP **03** 找到"光线跟踪选项"组，勾选"折射"选项，修改"折射率"属性为 1.333，修改"折射限制"属性为 10，修改"反射限制"属性为 3，如图 8-19 所示。

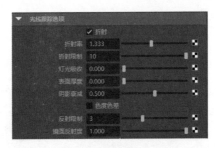

图 8-19

STEP 04 将调整好属性的 blinn1 材质球改名为玻璃杯，并赋予模型物体，赋予后模型呈透明状，在工作区预览窗口内无法观看到准确的材质效果，如图 8-20 所示。

图 8-20

STEP 05 打开"渲染器设置"面板，切换至软件渲染设置页，将"抗锯齿质量"选项组中的"质量"选项修改为"产品级质量"，并打开下方"光线跟踪"效果开关，如图 8-21 和图 8-22 所示。

图 8-21

图 8-22

STEP 06 单击"渲染当前帧"按钮，观察玻璃杯渲染效果，如图 8-23 所示。

图 8-23

6．制作背景墙面

STEP 01 创建 lambert 材质球，打开材质球"属性编辑器"，单击"颜色"属性后的棋盘格按钮，连接"文件"节点，在"文件"节点的"文件名称"栏内，连接准备好的砖墙贴图。

STEP 02 将材质球赋予墙面模型，如图 8-24 所示。

图 8-24

7．完成

STEP 01 最后进行灯光和属性微调，调整完成后，执行"创建"|"摄影机"|"摄影机"命令，在场景内创建一台摄影机。

STEP 02 执行"视窗"|"面板"|"沿选定对象观看"命令，进入摄影机视角，选择渲染角度，镜头调整完成后，单击"渲染当前帧"按钮，完成酒桶上的玻璃杯模型制作，如图 8-25 所示。

图 8-25

【听我讲】

8.1 材质知识

简单地讲，材质就是物体表现的质地，也可以看成是颜色和纹理以及质感的结合。在 Maya 中制作材质，就是对视觉效果的模拟，而视觉效果包括颜色、反射、折射、质感和表面的粗糙程度等诸多因素，这些视觉因素的变化和组合呈现出各种不同的视觉特征。

8.1.1 材质编辑器

材质模拟的是事物的综合效果，其本身也是一个综合体。它由若干参数组成，每个参数负责模拟一种视觉因素，如透明度控制物体的透明程度。当掌握了各种事物的物理特征及材质的调节手法后，即可在三维软件中最大限度地创造出各种质感的物体，甚至是现实生活中所没有的材质。

Hypershade(材质编辑器) 就是对材质进行编辑的地方。在 Maya 中，所有物体表面效果的制作都是在这个窗口里制作和修改完成的。Hypershade(材质编辑器) 最基本的元素是节点，材质编辑也就是对节点进行编辑从而产生特殊的效果。

执行"窗口"|"渲染编辑器"| Hypershade（材质编辑器）命令，可打开"材质编辑器"。Hypershade（材质编辑器）操作窗口主要由 5 部分构成，分别是菜单栏、工具栏、材质创建区、材质列表区和工作区，如图 8-26 所示。

图 8-26

（1）菜单栏在材质编辑器的主要工作是创建、显示及编辑材质节点，其基本包含了材质编辑器里的所有命令，如图 8-27 所示。

图 8-27

（2）工具栏的主要功能是整理和显示工作区及存放区，如图 8-28 所示。

图 8-28

（3）材质创建区的工作就是创建材质球、环境雾节点、置换节点、2D 纹理、3D 纹理、环境纹理、灯光、功能节点以及校色节点等，如图 8-29 所示。

图 8-29

（4）材质列表区的功能是用来存放已经创建或修改过的材质球、纹理、节点、灯光等的区域，方便对其进行分类和整理，如图 8-30 所示。

图 8-30

（5）工作区的目的是用来操作节点之间的连接，像一个工作台一样，所有的操作性任务都要在工作区中完成，如图 8-31 所示。

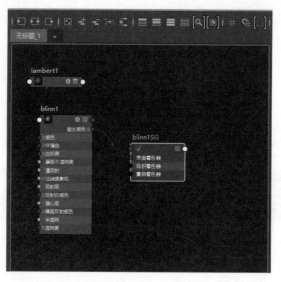

图 8-31

在材质编辑器内将创建的材质赋予模型物体通常有两种常用方法。

方法 1：在材质编辑器的大纲中先选择一个材质球，然后单击将其创建出来，并在工作区将其显示。然后选中要用的材质球，按鼠标中键将其拖曳到物体上，完成材质赋予，如图 8-32 所示。

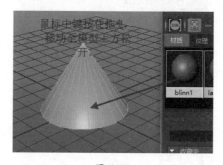

图 8-32

方法 2：在视图窗口中选择要赋予材质的模型，在材质编辑器中已经存在的材质球上右击，在弹出的菜单中选择"为当前选择指定材质"命令，把创建的材质球赋予模型，如图 8-33 所示。

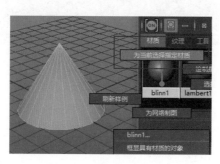

图 8-33

8.1.2　材质的基本类型

Maya 中提供了许多不同的材质球来体现丰富的效果，常用的材质有 anisotropic、blinn、lambert、phong 和 phong E。这 5 种材质具有不同的高光形态，有相同的表面体积效果，有相同的颜色、透明、环境、白炽和凹凸等选项，下面做详细介绍。

（1）anisotropic（各向异性）：该材质具有独特的镜面高光属性，可用于具有微细凹槽的表面的模型，镜面高亮与凹槽的方向接近于垂直的表面，如图 8-34 所示。

（2）blinn（布林）：该材质可以产生柔和的高光和镜面反射，它具有金属表面和玻璃表面的特性，一般用来模拟钢制材料、玻璃材料等，如图 8-35 所示。

（3）lambert（兰伯特）：该材质为 Maya 的默认材质，表面没有高光和反射。适用于模拟不会反光的物体，如树木、墙壁等，如图 8-36 所示。

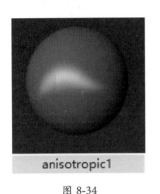
图 8-34

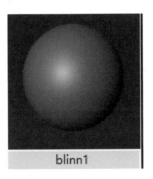
图 8-35

图 8-36

（4）phong（方氏）：该材质具有较强的高光效果，用于模拟非常亮的高光材料，如图 8-37 所示。

（5）phong E（方氏简化）：该材质是 phong（方氏）的简化版本，操控调整起来更加便捷，如图 8-38 所示。

图 8-37

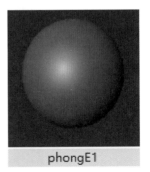
图 8-38

Maya 中还有 4 种较常用的无体积材质，分别是 layered shader（层材质）、shading map（阴影贴图）、surface shader（表面材质）、use background（背景材质），下面做详细介绍。

（1）layered shader（层材质）：可以将不同的材质节点合成在一起。上层的透明度可以调整或者建立贴图，显示出下层的某个部分。白色的区域表示完全透明，黑色的区域表示完全不透明，如图 8-39 所示。

（2）shading map（阴影贴图）：给物体表面添加一种颜色，适用于非现实或卡通的阴影效果，如图 8-40 所示。

（3）surface shader（表面材质）：给材质节点赋予颜色，与 shading Map 差不多。但除了颜色外，还有透明度、辉光度和光洁度，所以在目前的卡通材质的节点里，适用表面阴影较多的材质，如图 8-41 所示。

（4）use background（背景材质）：一般用于合成的单色背景，如图 8-42 所示。

layeredShader1

图 8-39

shadingMap1

图 8-40

surfaceShader1

图 8-41

useBackground1

图 8-42

8.1.3　公用材质属性

公用材质属性指的是各种材质球都有的属性，也是最基本的属性，如图 8-43 所示。

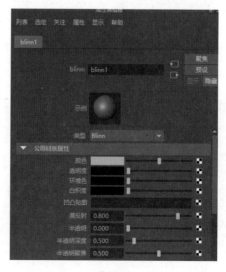

图 8-43

属性说明如下。

- 颜色：控制的是材质固有的颜色，它是表面材质最基本的属性。
- 透明度：控制的是材质的透明度。若值为 0（黑），表示完全不透明。若值为 1（白），表示完全透明。要设定一个物体透明，可以设置透明度的颜色为灰色，或者与材质的颜色同色。默认值为 0。

- 环境色：它的颜色默认为黑色，这时它并不影响材质的颜色。当环境色变亮时，它改变被照亮部分的颜色，并混合这两种颜色，而且可以作为一种光源使用。
- 白炽度：模仿白炽状态的物体发出的颜色和光亮（但并不照亮别的物体），默认值为 0（黑），其典型的例子如模拟红通通的熔岩，可使用亮红色的白炽度色。
- 凹凸贴图：通过对凹凸映射纹理的像素颜色强度的取值，在渲染时改变模型表面法线，使它看上去产生凹凸的感觉，实际上给予凹凸贴图的物体表面并没有改变。如果渲染了一个有凹凸贴图的球，观察它的边缘，发现它仍是圆的，如图 8-44 所示。

图 8-44

- 漫反射：它描述的是物体在各个方向反射光线的能力。应用于"颜色"设置，漫反射的值越高，越接近设置的表面颜色。它的默认值为 0.8，可用值为 0 ~ ∞。
- 半透明：是指一种材质允许光线通过，但并不是真正的透明的状态。这样的材质可以接收来自外部的光线，使得物体很有通透感（常见的半透明材质有蜡、纸张、花瓣等）。
- 半透明深度：是灯光通过半透明物体所形成阴影的位置的远近。
- 半透明聚焦：是灯光通过半透明物体所形成阴影的大小。若值越大，阴影越大，而且可以全部穿透物体；若值越小，阴影越小，其会在表面形成反射和穿透，换句话说，就是可以形成表面的反射和底部的阴影。

8.1.4　高光属性

高光属性用来控制表面反射灯光或者表面炽热所产生的辉光，不同的材质球模拟的高光效果不同，高光属性也略有不同。

blinn 材质具有优秀的软高光效果，是使用非常广泛的材质，这里以 blinn 材质的高光属性为例，进行高光属性说明，如图 8-45 所示。

图 8-45

参数说明如下。

- 偏心率：主要控制 blinn 材质的高光区域的大小。
- 镜面反射衰减：主要功能是控制高光强弱。
- 镜面反射颜色：控制高光颜色，可以根据颜色的设定来控制高光的色彩。
- 反射率：控制反射能力的大小。
- 反射的颜色：由于在渲染过程中通过光影跟踪来运算固然真实，但是渲染时间太长也是无法忍受的，所以经常可以通过在发射的颜色中添加环境贴图来模拟反射（也称为伪反射），从而减少渲染时间。

8.1.5 辉光属性

辉光属性是在渲染之后自动添加一个辉光的效果，如图 8-46 所示。

图 8-46

参数说明如下。

- 隐藏源：是个开关，可以控制是否隐藏物体，如图 8-47 所示。

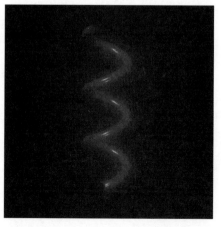

图 8-47

- 辉光强度：控制辉光的强弱。

想要对辉光属性做出更加深入的调整，双击 shaderGlow1 材质，如图 8-48 所示。打开 shaderGlow1 属性面板，如图 8-49 所示。

图 8-48

图 8-49

8.2 二维程序纹理

程序纹理是 Maya 中自带的图形程序，它是通过程序编辑形成的图形，就像矢量图一样，不会因为大小的变化而出现锯齿。通常可以用它们制作一些简单重复的图形或配合表面材质使用。

二维程序纹理就是 2D 的图片，只有高和宽，如图 8-50 所示。

图 8-50

8.2.1 二维程序纹理公用属性

大多数二维程序纹理都具有相同的公用属性，调节较多的便是颜色平衡属性。

1. 颜色平衡

颜色平衡属性是对节点的简单校色处理和通道的调节，如图 8-51 所示。

图 8-51

参数说明如下。

- 默认颜色：只有在二维贴图坐标覆盖不满时才会有作用。
- 颜色增益：颜色相乘，将颜色增益的颜色和原纹理进行一个相乘的处理。当为白色时，和任何纹理相乘都会产生变化；当为黑色时，和任何纹理相乘都不会产生变化。
- 颜色偏移：颜色相加，颜色偏移的颜色和原纹理会进行一个相加处理。
- Alpha 增益：Alpha 相乘，指的是对通道的调节，和颜色增益原理一样。
- Alpha 偏移：Alpha 相加，指的是对通道的调节，和颜色偏移原理一样。
- Alpha 为亮度：用色彩的亮度信息作为 Alpha 值。

2. 效果

用来对纹理进行简单的效果处理，如图 8-52 所示。

图 8-52

参数说明如下。

- 过滤：很细微地模糊图像。
- 过滤器偏移：模糊图像，较小数值的调整就会对模糊程度影响很大。
- 反转：反转颜色，将黑变白，白变黑。
- 颜色重映射：按图像的亮度重新赋予颜色，用默认的红、绿、蓝替代原来的颜色，纹理不变，颜色改变。

8.2.2　常用二维程序纹理特有属性

每个二维程序纹理都具有自己特有的属性，这些属性的调节会直接影响到纹理效果的形成。

1．凸起属性

一般用来测试或模拟远景窗户，或制作反光板时使用，如图 8-53 所示。

图 8-53

参数说明如下。

- U 向宽度：控制纹理黑色 U 方向的宽度，取值 0.000~1.000，默认值为 0.100。
- V 向宽度：控制纹理黑色 V 方向的宽度，取值 0000~1.000，默认值为 0.100。

凸起纹理渲染效果如图 8-54 所示。

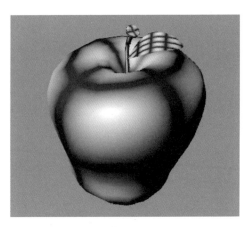

图 8-54

2．棋盘格属性

一般用来模拟地钻或用来检查 UV 是否拉伸，如图 8-55 所示。

图 8-55

参数说明如下。

● 颜色 1/颜色 2：棋盘格纹理的两种颜色控制。

● 对比度：两种纹理颜色对比度，取值范围是 0.000~1.000，默认值为 1.000。

棋盘格纹理渲染效果如图 8-56 所示。

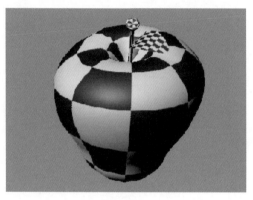

图 8-56

3．布料属性

一般运用于模拟编织类的物体，如图 8-57 所示。

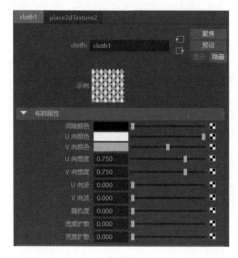

图 8-57

参数说明如下。

- 间隙颜色：U 方向和 V 方向之间间隔区域的颜色。边沿处的颜色将混入其属性当中，间隙颜色越浅，所模拟布料的纤维就会越显得柔软、透明。
- U 向波：调节 U 方向线条的波纹起伏大小。
- V 向波：调节 V 方向线条的波纹起伏大小。
- 随机度：在 U 方向和 V 方向随机涂抹纹理，调整随机度，可以用不规则的线条创建外观自然的布料材质，该值的范围是 0.000~1.000，默认值为 0.000。
- 宽度扩散：随机设置每条线条不同位置的宽度，其方法是从 U/V 向宽度值中减去一个随机值。该值的范围是 0.000~1.000，默认值为 0.000。
- 亮度扩散：随机设置每条线条不同位置的亮度。该值的范围是 0.000~1.000，默认值 0.000。

布料纹理渲染效果如图 8-58 所示。

图 8-58

4．文件属性

"文件"节点是常用的一个节点，任何一张图片都以"文件"节点的形式调入，如图8-59所示。

图 8-59

参数说明如下。

- 过滤器类型：控制纹理的抗锯齿过滤等级。
- 预过滤：对图像去除不必要的噪波和锯齿。
- 预过滤半径：去除噪波锯齿的半径大小，数值越大则越光滑。
- 使用图像序列：可以导入动态素材，以序列帧的形式调入进来。

文件纹理渲染效果如图 8-60 和图 8-61 所示。

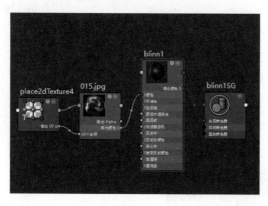

图 8-60

图 8-61

5．分形属性

具有随机功能和特殊分配频率、可以用来制作凹凸效果，表现粗糙的表面，如图 8-62 所示。

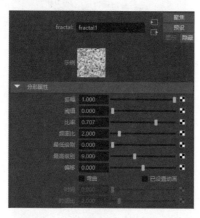

图 8-62

参数说明如下。

- 振幅：控制噪波振幅的大小，范围 0.000~1.000。
- 阈值：噪波的极限值，范围为 0.000~1.000。
- 比率：噪波样式的比率。
- 频率比：噪波样式的频率比。
- 最低级别 / 最高级别：噪波重复的最小值和最大值，范围为 0.000~25.000。
- 偏移：偏移值。

- 弯曲：控制产生变形的效果。
- 已设置动画：开启动画，打开"时间"和"时间比"属性。
- 时间：控制噪波频率的时间比例关系，时间不是 1.000 时，动画不会重复。
- 时间比：确定噪波频率的相对时间比。

分形纹理渲染效果如图 8-63 所示。

图 8-63

6. 噪波属性

适用于凹凸效果表现和一些不规则的怪异纹理效果制作，如图 8-64 所示。

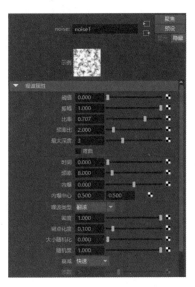

图 8-64

参数说明如下。

- 阈值：极限值，控制整个噪波的亮度。
- 振幅：控制纹理中的比例，当增加数值时，亮的区域会更亮，而暗的区域会更暗。
- 比率：控制噪波的频率，增加数值会增大噪波细节，使效果更加强烈。
- 频率比：确定噪波频率的空间比例关系。

- 最大深度：控制纹理的计算数量。
- 弯曲：在噪波功能中指定一个膨胀和凹凸的变形效果。
- 内爆：控制膨胀和收缩。
- 内爆中心：膨胀和收缩的中心位置。
- 密度：控制噪波之间的融合数量和强度。
- 斑点化度：控制噪波的随机密度，增加数值时，会出现大小不一的密度区域。
- 大小随机化：控制噪波远点的随机尺寸。
- 随机度：使用 billow 噪波类型时噪波圆点的数量。如果设置为 0.000，所有点都将放置在规则的图案里。
- 衰减：控制噪点的衰减效果。

噪波纹理渲染效果如图 8-65 所示。

图 8-65

7. 渐变属性

使用渐变纹理可以创建一种颜色向另外一种颜色的过渡，如图 8-66 所示。

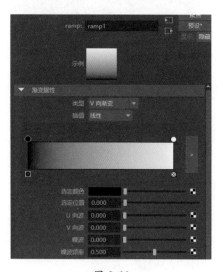

图 8-66

参数说明如下。

● 类型：控制颜色方向的类型。

● 插值：控制颜色之间融合的方式。

● 选定颜色：选择节点控制的颜色，可以连接任何节点来替换现有的单色。

● 选定位置：控制颜色控制点在渐变中的位置。

● U 向波：控制颜色的横向波纹。

● V 向波：控制颜色的竖向波纹。

● 噪波：控制颜色的噪波大小。

● 噪波频率：控制颜色的噪波频率，默认值是 0.5.00。

渐变纹理渲染效果如图 8-67 所示。

图 8-67

8．2D 纹理放置属性

2D 纹理放置相当于一个承载其他纹理的框架，这个框架可定义其承载纹理的大小、位置和旋转，如图 8-68 所示。

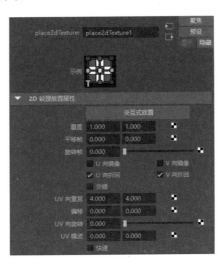

图 8-68

参数说明如下。

- 交互式放置：交互放置贴图按钮，只能用于 NURBS 表面。
- 覆盖：数值为 1.000 时纹理全部覆盖。
- 平移帧：按 UV 方向移动整个纹理。
- 旋转帧：旋转整个纹理。
- U 向镜像 /V 向镜像：当纹理在 U 方向或者 V 方向的重复值大于 1.000 时，才可以使用此项，它有助于消除重复纹理在接缝处的马赛克现象。
- U 向折回 /V 向折回：重复值大于 2.000 时才能显示出效果。
- 交错：重复图像上下交错时，交错控制一个重复排列纹理，让它每隔一行就产生一个偏移。
- UV 向重复：重复图像，大于 2.000 时才有效果。
- 偏移：移动图像，指的是纹理在内部的位置。
- UV 向旋转：旋转图像，纹理独立于内部进行旋转。
- UV 噪波：为图像坐标沿 U 向和 V 向加噪波效果。

8.3　UV 与贴图

UV 与贴图是相辅相成的，UV 相当于贴图在模型上的坐标信息，所以为模型赋予贴图之前必须先拆分模型的 UV，以确定贴图纹理在模型上的正确坐标位置，避免贴图纹理的错乱与拉伸。

8.3.1　UV 概念

UV 就是将三维转化成二维的一个手段，将三维的模型表面进行拆分，平铺成二维的形态，然后根据转化成二维的模型图形，就可以在二维软件中进行贴图的绘制。

这里需要注意的是，只有多边形模型和细分表面模型具有 UV 点属性，而且 UV 点的编辑只能在 UV 编辑器里进行。而对 UV 的编辑修改并不会对模型本身的形状产生任何影响，如图 8-69 所示。

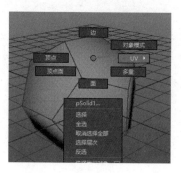

图 8-69

通常来讲会在模型创建完成之后，对模型赋予棋盘格类的测试贴图，通过观察图像内小方块来快速地判断模型的 UV 变形情况，如图 8-70 和图 8-71 所示。

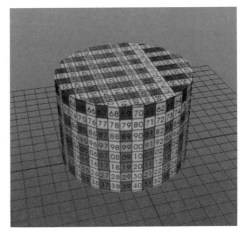

图 8-70　　　　　　　　　　　　　　　　　　图 8-71

UV 编辑流程如下。

STEP 01 根据模型的形状确定使用哪种 UV 映射方式。

STEP 02 使用相应的映射方式粗略地映射 UV。

STEP 03 使用 UV 编辑器进一步完善 UV 细节，制作出符合 UV 编辑原则的 UV 块。

STEP 04 将编辑好的 UV 以二维图片进行导出，作为贴图绘制的参考。

8.3.2　UV 映射工具

一般情况下，模型的原始 UV 是比较乱的，没有办法直接在 UV 编辑器里进行编辑和整理，所以需要对模型进行一个初始的 UV 划分。

Maya 根据现实中的物体将其归纳为 3 种几何映射方式和 1 种自动映射方式。例如人体、头部可以使用球形映射，身体和四肢可以使用圆柱形映射，而自动映射可以应用于不规则的（如石头等）物体。

打开 UV 菜单，可以找到这 4 种映射工具，如图 8-72 所示。

图 8-72

这里对平面映射进行一个详细的介绍。

平面映射是通过一个平面将 UV 映射到模型上，这种方式适用于相对平整的表面。单击"平面"命令后方的按钮，打开平面映射器的属性面板，如图 8-73 所示。

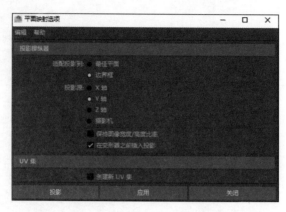

图 8-73

参数说明如下。

● 最佳平面：自动用最佳的平面 UV 方式映射给多边形物体，以改变物体的 UV 属性。

● 边界框：以自定义的方向来映射多边形物体。

● 投影源：这里可以根据模型实际情况选择 X、Y、Z 3 种映射方向，或者使用摄影机的视角来决定映射角度。

● 保持图像宽度 / 高度比率：未勾选此项时，当进行完映射后，模型的 UV 是充满整个纹理平面内的。勾选此项后，就使 UV 的每个面与相应的模型面的宽高比相同，可以相对缓解拉伸。

● 在变形器之前插入投影：当多边形模型使用了变形工具后，这个选项是相关联的，如果将该项关闭，变形动画后，顶点位置放置的纹理被变形影响，会导致纹理位置的偏差。

在使用映射工具后，模型外会出现一个操纵器，即映射操纵器，如图 8-74 所示。

图 8-74

可以通过拖曳操纵器中心区域的颜色方块来移动 UV 位置，或拖曳四周的颜色方块来进行整体和指定方向的 UV 缩放，如图 8-75 所示。

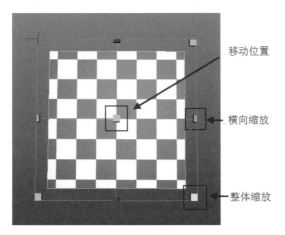

图 8-75

单击类似字母 T 的红色图标，可将操纵器切换至旋转控制状态，再次单击即切换回缩放和位置控制，如图 8-76 和图 8-77 所示。

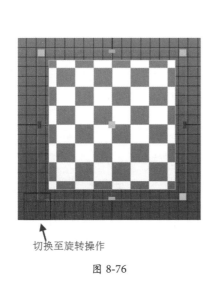

图 8-76

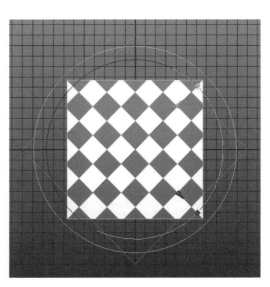

图 8-77

8.3.3　UV 编辑器

UV 编辑器是一个专用的 UV 工作窗口，在这个窗口中对 UV 进行编辑，并通过 UV 编辑器将编辑好的 UV 导出成一张图片，作为二维软件绘制纹理贴图的参考。执行"窗口"|"UV 编辑器"命令，打开"UV 编辑器"窗口，如图 8-78 所示。

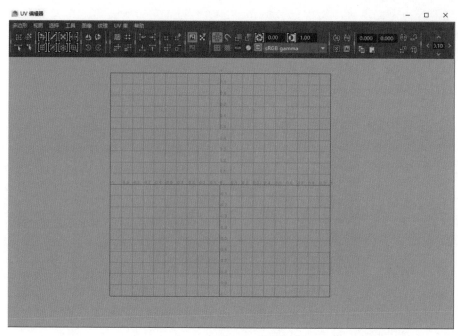

图 8-78

UV 编辑器常用操作介绍如下。

1. UV 的选择和变换

在"UV 编辑器"中，如果要对 UV 进行编辑，就要先进入 UV 点的编辑模式，在三维视图中或者"UV 编辑器"中右击，选择 UV 命令，即可进入 UV 点的编辑模式，如图 8-79 所示。在"UV 编辑器"中，可以对 UV 进行位移、旋转和缩放的变换操作，如图 8-80 所示。

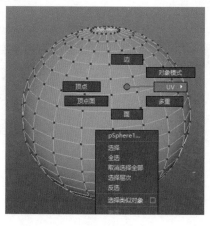

图 8-79

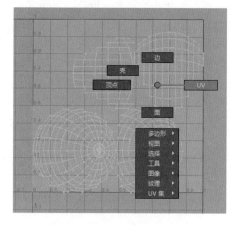

图 8-80

2. 选择连续的 UV 点（UV 块）

选择某一 UV 块中的任意一个 UV 点，在按住 Ctrl 键的同时右击，选择"到壳"命令，则可选中整块的 UV 点，如图 8-81 和图 8-82 所示。

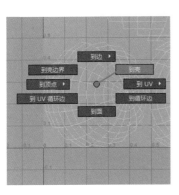

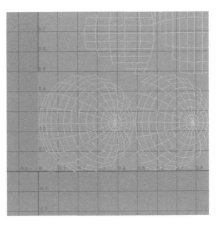

图 8-81　　　　　　　　　　　　　　　　　图 8-82

3．元素的转换

在三维视图内，想要编辑模型上特定区域的 UV，而在"UV 编辑器"中又不易找到和选择它们，这时可以使用元素之间的转换功能。

在三维视图内进入多边形模型边元素的编辑模式，如图 8-83 所示，选择模型上的指定边，按住 Ctrl 键右击，在快捷菜单中选择 UV 命令，即可在"UV 编辑器"中单独将该区域内的 UV 点选中，如图 8-84 所示。

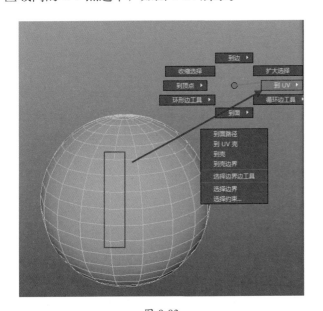

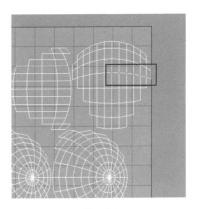

图 8-83　　　　　　　　　　　　　　　　　图 8-84

4．UV 图像输出

选中 UV 拆分好的模型，执行"UV 编辑器"|"多边形"|"UV 快照"命令，在弹出的"UV 快照"窗口中，根据需要对输出图像的保存路径、尺寸大小、图像格式等信息进行设置后，单击"确定"按钮即可输出图像，如图 8-85 所示。

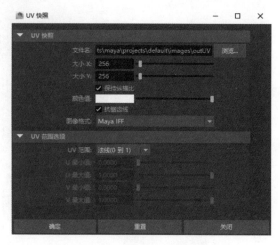

图 8-85

编辑 UV 的基本原则如下。

● UVS 避免重叠。

● 保持 UVS 在 0.000~1.000 纹理平面内。

● 将 UV 接缝放在摄影机不易察觉的部位。

● UV 尽可能不产生拉伸。

● 将 UV 块划分得尽量少。

● 充分利用 0.000~1.000 纹理平面。

● 同一模型，不同 UV 块的比例尽量一致。

8.4 贴图

在 UV 定位之后，所进行的操作为纹理的绘制，可使用贴图的方式来完成。而贴图分为很多种，最常用的便是颜色贴图，其可以以最简易、最直观的方式将自己绘制或者是准备好的图像体现在三维模型上。

例如，使用贴图制作杂志封面的方法如下。

STEP 01 创建 blinn 材质球，单击 blinn 材质球"颜色"属性后的棋盘格按钮，如图 8-86 所示。

STEP 02 在弹出的"创建渲染节点"面板内，选择"文件"节点，如图 8-87 所示。

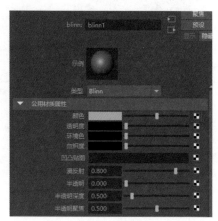

图 8-86

图 8-87

STEP 03 在"文件"节点的"图像名称"属性中，单击后方的文件夹按钮，连接事先准备好的外部贴图，如图 8-88 所示。

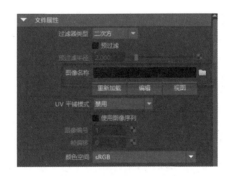

图 8-88

STEP 04 将 blinn 材质球赋予模型，观看效果，如图 8-89 所示。

图 8-89

【自己练】

项目练习　制作金属 LOGO

🖳 项目背景

为 Maya 制作一个金属 LOGO 效果图。

🖳 项目要求

材质的设定能充分体现出金属的质感和真实感。

🖳 项目分析

创建 blinn 材质，注意高光属性的调节和反射颜色内环境贴图的应用。

🖳 项目效果

🖳 课时安排

2 课时。

参考文献

[1] 开思网. AutoCAD 2012 中文版应用大全 [M]. 北京：中国青年出版社，2012.

[2] 张绮曼，郑曙旸. 室内设计资料集 [M]. 北京：中国建筑工业出版社，2005.

[3] 尾上孝一，妹尾衣子，等. 室内设计与装饰完全图解 [M]. 北京：中国青年出版社，2013.

[4] 中山繁信. 室内设计与住宅构造详解 [M]. 北京：中国青年出版社，2015.

[5] 汪振泽，李娜，肖洁，等. SketchUp Pro2015 艺术设计实训案例教程 [M]. 北京：中国青年出版社，2016.

[6] 刘鹏，张辉. 3ds Max/VRay 室内效果图制作案例技能实训教程 [M]. 北京：清华大学出版社，2017.

[7] 新视觉文化. Maya 2015 从入门到精通 [M]. 北京：人民邮电出版社，2016.